本书由2016国家自然科学基金-地区项目：喀斯特植被恢复过程中土壤线虫的指示作用和生态功能（编号：41661073）；2016广西自然科学基金-面上项目：峰丛谷地大型土壤动物生物多样性及其生态功能研究（编号：2016GXNSFAA380183）资助出版。谨以此书纪念先师邱建军研究员，淳淳教诲，永志不忘！

有机种植体系的农学及环境效应研究

唐　政◎著

吉林大学出版社

图书在版编目（CIP）数据

有机种植体系的农学及环境效应研究 / 唐政著. —
长春：吉林大学出版社，2019. 6

ISBN 978 - 7 - 5692 - 5070 - 1

Ⅰ. ①有… Ⅱ. ①唐… Ⅲ. ①蔬菜园艺—无污染技术
—农学—环境效应—研究 Ⅳ. ①S63

中国版本图书馆 CIP 数据核字（2019）第 140168 号

书　　名　有机种植体系的农学及环境效应研究
　　　　　YOUJI ZHONGZHI TIXI DE NONGXUE JI HUANJING XIAOYING YANJIU
作　　者　唐　政
策划编辑　李潇潇
责任编辑　刘守秀
责任校对　李潇潇
装帧设计　中联华文
出版发行　吉林大学出版社
社　　址　长春市人民大街 4059 号
邮政编码　130021
发行电话　0431 - 89580028/29/21
网　　址　http：//www. jlup. com. cn
电子邮箱　jdcbs@ jlu. edu. cn
印　　刷　三河市华东印刷有限公司
开　　本　710mm × 1000mm　1/16
印　　张　12. 5
字　　数　140 千字
版　　次　2019 年 8 月第 1 版
印　　次　2019 年 8 月第 1 次
书　　号　ISBN 978 - 7 - 5692 - 5070 - 1
定　　价　45. 00 元

前 言

本研究针对有机蔬菜生产中由于不合理灌溉和施肥而导致的蔬菜品质下降、环境污染风险提高等问题，以北京郊区典型保护地有机蔬菜种植为对象，按照当地种植习惯的小油菜－香菜－番茄－黄瓜轮作体系，通过4茬的田间定位试验，研究不同水肥管理方式下蔬菜产量、品质的差异，施用有机肥对氮、磷、钾在土壤中的累积和分布动态的影响，以及由此带来的重金属威胁，并利用自流式农田地下淋溶收集装置揭示蔬菜地水分渗漏和有机肥中无机氮的淋洗特征，探讨有机种植氮素在土壤－作物体系中分配与表观平衡规律。主要结果如下。

（1）有机肥不同施用量随栽培时间而逐步影响蔬菜产量。在小油菜－香菜－番茄－黄瓜轮作体系中，常规施肥处理的 $N/P_2O_5/K_2O$ 达到2.08/1.6/0.7（t/ha）。随种植年限的延长，常规施肥处理相对于减半量施肥处理的产量优势逐渐明显。由于基础肥力过高，不同水肥管理间头两茬小油菜、香菜产量差别不显著；常规施肥番茄产量比施肥量减半的稍高，但差异不显著；不同施肥量处理对黄瓜产量有显著影响。常规水肥管理方式下有机肥的利用率以及经济效益不如减半量施肥管理方式高。试验结果表明常规模式的有机肥投入过多，在常规施肥的基础上施肥量减半是可行的。

（2）有机肥过量施用明显影响了蔬菜品质。除蔬菜维生素C含量随施肥量递增外，在施肥量减半处理下，番茄红素含量、可溶性蛋白的含量、可溶性糖类含量、可溶性固形物含量、糖酸比等营养品质和口感都优于常规水肥管理。有机肥用量过大使土壤中有较高的无机氮累积是造成蔬菜硝酸盐含量超标的主要原因，小油菜、香菜中的硝酸盐含量均严重超标；在随后的种植中，通过减半量施肥，有效降低了番茄、黄瓜硝酸盐含量。尽管有机肥和土壤中重金属含量都低于有机种植标准，但施有机肥后，番茄、黄瓜和土壤中镉（Cd）、铬（Cr）、铅（Pb）、汞（Hg）、砷（As）、铜（Cu）、锌（Zn）、镍（Ni）等八种重金属含量提高，并随施肥量的增加而上升。

（3）有机肥过量施用造成大量养分在土壤中残留。常规施肥和减半量施肥对0～20cm和20～40cm土层磷素、钾素的累积均造成了显著性差异。常规施肥条件下，表层0～20cm速效磷的浓度超过400 mg/kg，0～40cm土体中磷的累积超过1300 kg/ha，表层0～20cm的速效钾浓度超过300 mg/kg，0～40cm土体中钾的累积超过1400 kg/ha。

（4）过量施用有机肥造成无机氮表观平衡值增加。土体中过剩的无机氮主要以硝态氮的形式存在；常规施肥造成无机氮在0～20cm土层中大量残留，常规灌溉和减量灌溉下分别为430.23

kg/ha 和 410.12 kg/ha，减半量施肥在常规和减量灌溉下分别为 297.99 kg/ha和 205.96 kg/ha，显著降低了无机氮的残留。在表层大量残留的无机氮在短时期内向 60cm 以下的土层没有出现明显迁移，60cm 以下的土层中无机氮含量的变化幅度很小。常规施肥处理造成 0～90cm 土体的无机氮表观平衡值超过 1400 kg/ha，减半量施肥处理下的无机氮表观平衡值可下降到 450.49kg/ha。在常规施肥量的基础上施肥量减半能在保证氮素供应的前提下较好地维持氮素表观平衡。

（5）灌溉量过大是造成氮素淋失的最重要因素。在较短时期内，灌溉相比施肥而言，对氮素淋失的影响更大，控制灌溉量比控制施肥量更能减少氮素淋溶损失。常规和减量灌溉下不施肥造成的氮素累积淋失量分别为 36.07kg/ha，27.05 kg/ha；常规水肥管理下氮素淋失量为 59.8 kg/ha，施肥量减半可使氮素淋失量减少 14.51 kg/ha；而减少 1/3 灌溉量可使氮素淋失量减少 17.89 kg/ha，水肥同时减量则可减少 25.43 kg/ha。在常规灌溉条件下，常规施肥和减半施肥处理下有机肥的淋失率分别为 1.18% 和 0.88%；减量灌溉条件下分别为 0.74% 和 0.8%。

（6）长期、大量施用有机肥容易产生土壤重金属累积。本试验的有机肥中重金属含量较低，在短时期内还没有出现重金属污染问题。施肥条件下，常规水肥处理下的蚯蚓数量最多，达 46 只/m^3，高于其他各施肥处理但没有达到显著差异水平。

作者

2019 年 3 月

目　录

CONTENTS

第1章

绪　论

自20世纪以来，全球人口增长迅速，农产品的需求不断增加，扩大耕地面积和提高产量，成为解决粮食安全问题的主要途径。二战后，发达国家兴起了以机械化、化学化为主的能源集约型现代农业革命，随后又以绿色革命的形式传播到了亚非拉等发展中国家。现代农业生产经过了一段高速度的发展后，使农业的劳动率、土地生产率和农产品的商品率大大提高，为解决全球的饥荒和发展问题做出了巨大的贡献（邱建军等，2008）。但是现代农业体系以严重消耗能源为前提，在生产中大量使用化肥、农药、生长调节剂等农用化学品，以高投入换高产出，在解决了饥饿问题的同时，过量施用化肥引起湖泊、水库富营养化，地下水受到污染，土壤严重退化等一系列环境效应（刘志场，2003；郝建强，2006）；农药，尤其是那些高毒高残留农药的施用，使粮食、蔬菜、水果和其他农副产品中有毒成分增多，食品安全得不到保障，危害人体健康（施培新，2003）。随着现代农业的规模化、普遍化的深入发展，它对化学农药、生长调节剂和化学肥料的依赖性也不断增强，害虫天敌逐渐消失，自然生态系统被严重破坏，环境受到严重污染。不仅使土地持续生产的能力下降，农业生产能力徘徊不前，还加剧了全球性自然资源耗竭、生态环境恶化等一系列危机，成为全人类关注的焦点（Carson，2007）。

维持或提高作物产量，减少生产风险，降低对自然资源的消耗和对土壤和水质量的破坏，实现经济、生态和环境效益三者的有机结合和统一，是可持续农业的追求目标（FAO，1993）。有机农业（organic agriculture）遵循可持续发展原则，遵循自然规律和生态学原理，协调种植业和养殖业的平衡，采用一系列可持续发展的农业技术，维持持续稳定的农业生产过程，其核心是建立和恢复农业生态系统的生物多样性和良性循环。而早期的有机农业实践也在一定程度上证明了它可以帮助解决现代农业带来的一系列问题，诸如土壤耕地质量下降、环境严重污染和能源的过度消耗、物种多样性的急剧减少等困扰人类的问题（Boeringa，1981；Schjonning et al.，2004）。因此，有机农业受到广泛而密切的关注，在近 30 年来风行世界各地，成为全球农业发展的新方向。

虽然各国间对有机农业存在众多定义和名称，例如“生态农业”“自然农业”“生物农业”等，但其内涵是统一的，都强调建立循环再生的农业生产体系，保持土壤的长期生产力，拒绝人工合成的化学物质投入，保证食品的健康安全（陈声明等，2006）。我国在对欧美各国有机农业考察的基础上，综合各自的优点，认为有机农业是遵照一定的有机农业生产标准，在动植物生产过程中不采用基因工程获得的生物及其产物，不使用任何化学合成的农药、化肥、生长调节剂、饲料添加剂等物质，遵循自然规律和生态学原理，协调种植业和养殖业的平衡，采用一系列可持续发展的农业技术以维持持续稳定的农业生产体系的一种农业生产方式。其生产技术的关键是依靠有机肥料和生物肥料来满足作物生长对养分的需求，同时必须利用生物防治措施，如生物农药、天敌等进行病虫害防治（原国家环境保护总局有机产品认证中心，2007）。

有机食品是指来自有机农业生产体系，根据国际有机农业生产要求和相应的标准生产加工的，并通过独立的有机食品认证机构认证的农副产品，包括粮食、蔬菜、水果、奶制品、禽畜产品、蜂蜜、水产品、调料等（科学技术部中国农村技术开发中心组，2006）。有机食品因其源于自然、高品质、环保、安全等优点成为健康食品，深受发达国家和地区的欢迎，成为食品消费的新时尚。从世界范围看，全球有机食品销售额从2002年的230亿美元增加到2008年的384亿美元，比2000年增加了近一倍，比2007年高出50亿美元。有机食品需求最多的地区集中在欧洲和北美，占全球97%的有机食品销售份额（SOEL－FIBL，2008）。在这两个地区往往出现供不应求的现象，需要从其他国家和地区进口大量的有机食品来满足当地人们的需求。

我国的有机农业发展迅速，有机产品大部分出口国外。随着我国人民生活水平提高和环境保护意识的增强，国内市场有机产品的需求量也逐年增长。中共中央、国务院2007年1号文件《关于积极发展现代农业扎实推进社会主义新农村建设的若干意见》指出："转变养殖观念，调整养殖模式，积极推行健康养殖方式，从源头上把好养殖产品质量安全关；鼓励发展循环农业、生态农业，有条件的地方可加快发展有机农业。"可见，发展有机农产品已成为我国食品安全计划的重要措施。

有机食品的价格一般为其他同类产品的3~8倍，有机种植带来的经济收益远远高于常规农业（IFOAM，2008）。由于各地在种植条件、种植种类、土壤肥力上的差异，只对有机肥、天然矿物等肥料的有害物质有明确的限量标准，对投入量还没有形成明确的、统一的规定。在高收益的刺激下，种植者往往通过大量投入养分来提高产量。这种管理措施在城郊的有机种植中尤其明显。过量的养分投入不仅有违有机农业的初衷，也会对农产品的品质带来不良影响，例如硝酸盐含量超标、糖分含量下降等（李淑仪等，2005）。

我国的有机肥资源丰富，来源广泛。随着规模化、集约化养殖企业的兴起，产生和集中了大量有机废弃物，畜禽粪便成为商品有机肥的主要成分（张树清等，2005）。畜禽粪便中所含的有害元素含量高，如代谢的重金属、添加剂残余、药物残余（包括激素类），甚至还包括处理不彻底的生物成分和微生物病原体等（奚振邦等，2004）。这类商品有机肥往往是城郊有机种植中主要的肥料来源。畜禽生产中使用的饲料长期以来都存在超剂量添加金属元素、微量元素的现象，而目前的有机肥加工处理技术相对落后，至今尚无有效去除有机肥中重金属、残留药物的有效方法（Barker et al.，2002）。虽然有机种植中使用的肥料都已通过认证，但重金属含量还是相对偏高（谭晓冬等，2006）。因此，长期大量使用有机肥的同时，容易引发重金属污染。而且，由于有机肥中的养分释放缓慢，矿化过程较长，有机肥的大量投入对氮、磷、钾等养分的过量累积有重要影响，如果管理不当，极易通过地表径流、地下淋溶、挥发等各种形式流失到作物－土壤体系外，成为环境污染的潜在威胁因素（Campbell et al.，1993；Par et al.，1999；沈其荣，1992；周启星等，2005）。养分的过量累积程度直接决定了有机种植耕地的使用年限，成为限制可持续有机种植的主要因素。在现有的有机肥生产、加工条件下，有效钝化有机肥中的重金属和合理控制有机肥的使用量成为制约我国有机种植产业发展和推广的瓶颈技术。

有机种植过程中的养分变化动态与养分控制及其环境效应一直是有机农业研究的重点内容和核心技术。当前我国有机种植中施肥制度及技术还不够成熟和完善，有机蔬菜种植中养分过量投入尤其突出，如何在有机种植中合理地运用田间管理措施，适当地进行水肥调控成为当前我国有机种植发展中最重要、最亟须解决的技术问题之一。

1.1　国内外有机农业的最新发展状况

有机农业起源于20世纪二三十年代，是针对当时刚刚起步的石油农业而产生的一种生态和环境保护理念，最初只由个别生产者自发地进行试验和生产实践（马世铭，2004）。世界上最早的有机农场是由美国的罗代尔（Rodale）先生于20世纪40年代建立的“罗代尔农场”。随后，德国、瑞士、英国等国家陆续开始有机农业的生产实践，但总体上发展缓慢（邱建军等，2008）。

从20世纪80年代起，随着一些国际和国家有机产品标准的制定，一些发达国家才开始重视有机农业，并鼓励农民从常规农业生产向有机农业生产转换，这时有机农业的概念才开始被广泛接受（杜相革等，2002）。近30年来，有机农业在全球迅猛发展，根据最新统计资料显示（SOEL－FIBL，2008），截至2007年，全世界大约有70万个农场、3040万公顷的土地采取有机种植模式（如图1－1所示），比2005年的有机种植面积增加了180万公顷，约占全球农田总面积的2%。其中，大洋洲占42%，其次为欧洲，占24%，拉丁美洲居第三位，占16%。拥有有机土地面积最多的国家是澳大利亚（1230万公顷），占全国耕种面积的65%；然后依次为中国（230万公顷），阿根廷（220万公顷）和美国（160万公顷）。

近几年来，有机农业不仅在生产规模上发展迅猛，而且已由单一的有机种植产品发展到涉及农林牧副渔和农副产品深加工、食品配料、农资产品、纺织品、护肤用品等诸多领域。

中国的有机农业起步晚，直到20世纪80年代后期，由于国际有机食品市场对中国有机产品的需求，才开始出现有机种植，主要在江浙一带生产有机茶叶。1994年，中国第一家认证机构南

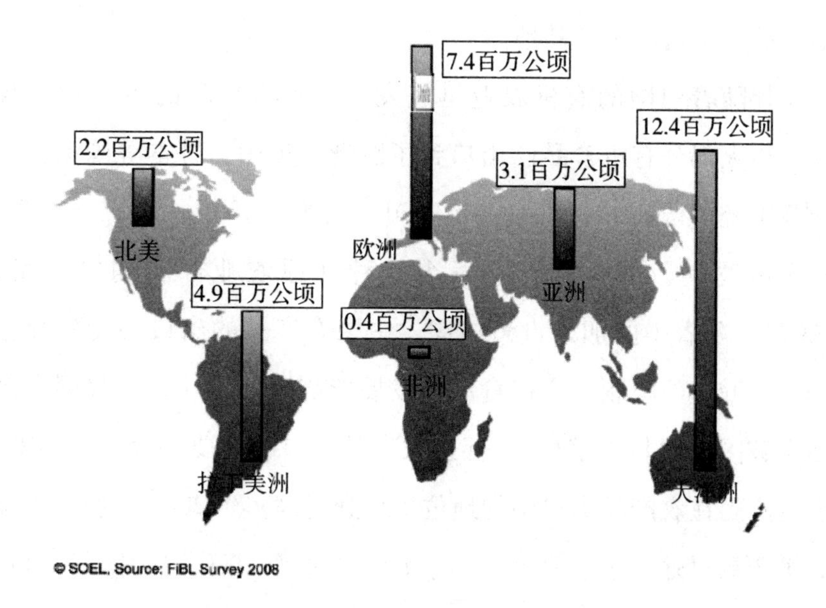

图 1-1　全球有机农业分布图

京国环有机产品认证中心（OFDC）在南京成立，其后又有多个国际认证机构进入中国成立办事机构，并有多家国内认证机构成立。标志着我国有机产业的正式起步。2005 年中国第一版的有机食品国家标准 G/BT19630 发布，同时发布了中国国家有机标志，至此，所有在中国销售的有机产品必须持有认可的认证机构颁发的有机证书才可以在市场上销售（周泽江等，2004）。从此以后，我国的有机农业进入市场化、标准化阶段。在政府的推动下，中国的有机农业飞速发展。截至 2008 年（IFOAM，2008），全国约有 2512 家有机生产企业，有机种植和有机牧场面积达 233. 8 万公顷，还有 249 万多公顷的野生采集面积。经认证的有机面积在数量上排行世界第二，仅次于澳大利亚（1230 万公顷），成为亚洲最大的有机食品生产基地。

伴随着中国的有机农业迅速发展，有机食品的生产初具规模，绝大部分有机食品已出口到了欧洲、美国、日本等国家。目前我国经过认证的有机食品有茶叶、蜂蜜、奶粉、谷物杂粮类、野生植物类、中药材等上百个品种（原农业部新闻办公室，2007）。随着中国加入世贸组织，中国农产品的出口会受到绿色非贸易壁垒的限制，有机食品的发展能与国际接轨，是我国农产品突破国外“技术壁垒”，促进农产品出口的重要手段。近年来，有机产品在农产品出口中的地位也得到提高。到2007年底，中国有机产品对外销售总额为3.6亿美元左右（SOEL－FIBL，2008），占中国食品出口总值的1.2%（中国统计局，2008）。

随着我国人民生活水平的提高和环保意识的增强，人们对蔬菜的消费在满足“量”的基础上，已逐步向优质安全转变，安全问题已成为社会普遍关注的热点，有机食品在国内市场有广阔的发展空间。2006年10月第四届全国农产品交易会上，有机农产品已经占到了参展农产品15%左右。有机农产品逐渐成为国内发达地区食品消费的时尚和主流。从目前国内外的形式上看，有机农业在中国的发展潜力巨大。

1.2 国内外有机种植研究进展

国内外对有机种植的研究主要集中在两个方面：市场化的经

营管理和生产过程中的技术控制。前一个方面是通过各类有机种植组织确立和完善规章、条例、行规等措施来保证有机种植的健康发展。有机种植的管理技术和法规是有机种植发展的保障，如有机产品认证体系建设，生产标准、生产过程（生产、加工和运输）和产品监督、有机产品的市场销售等，这些技术保证了有机产品的安全和信誉。有机种植发达的欧洲、北美、澳大利亚、日本等地区和国家已有比较完备的技术标准和法规。进入21世纪，欧盟委员会和欧洲国家加大了有机农业的立法和研究力度，如协调各国有机农业法规、修订欧盟农业共同政策、制定和实施有机农业行动计划和拓宽有机农业研究领域等，这些措施使欧盟国家成为有机农业发展的主要推动力。我国以及别的一些发展中国家有机种植的技术研究、标准化和立法仍有待加强。

后一个方面则主要通过田间种植、加工操作、室内检测等试验手段，对有机种植进行系统化、专业化的种植、养殖、采集等试验研究。重点研究的关键技术包括作物轮作模式，堆肥制作和施用，病虫草害的物理，机械和生物防治，动物饲料生产和有机饲养，有机生产系统物质循环的调控等，其核心是保持和提高土壤肥力，培育健康的土壤，生产高品质和安全的产品。国内外大多数研究工作都热衷于有机种植与常规种植的相互比较，以此制定各种生产和加工、销售的管理条例。然而，对种植生产过程中的养分管理与调控、产品产量与品质的提高、改善或改良环境等方面的研究，尤其是对有机种植模式下，有机肥的不合理使用所带来的环境影响研究比较缺乏。

本节总结国内外大量研究文献，分别从有机种植对作物的产量和品质影响、对环境的效应以及有机种植过程中土壤养分的变化动态和调控等几个最受关注的方面进行阐述。

1.2.1 有机种植对产量的影响

能源、人口、粮食、资源和环境是当今世界的五大核心问题。联合国发布的《粮食展望》报告显示，2007 年以后世界的粮食产量难以满足增长需求，全球的粮食供应将日趋紧张。联合国粮食署（WFP）执行干事 Josette Sheeran 在 2008 年初声称“全球正在遭遇二战以来首次大范围的粮食危机，全球经济低迷加深了粮食危机，将更多人推向饥饿边缘，并威胁世界的稳定”。有机农业的蓬勃发展以及所带来的高利润使各国纷纷采取积极措施发展有机农业，联合国粮食及农业组织（FAO）也呼吁各国政府应将有机农业作为本国农业发展的优先目标。有专家认为，大规模转向有机农业不仅将有利于全球粮食供应，还可能是根除饥饿的唯一途径，在饥荒最为严重的贫困、干旱和偏远地区尤其如此(FAO，2008)。但也有许多人认为，有机农业产量偏低，又缺乏可靠的肥料来源以供给土壤养分，这就决定了有机农业无法生产足够的粮食满足全球人口的需求（Badgley et al.，2007），因此认为发展有机农业不利于全球粮食供应。反对者声称“全球农业实现有机生产之后，地球上的人都会挨饿”（Connor，2008）。

从有机农业诞生至今，有机种植模式下的作物产量一直是生产和研究中最受关注的焦点。在有机农业已经大规模推行了30多年以后，许多研究从不同地区、不同作物、不同耕种管理等众多方面探讨过这一敏感问题。大部分学者认为，有机农业不施入人工合成的肥料必然导致土壤有机物质分解加快，以及养分的分解释放与作物利用不同步从而使作物产量和品质低下（Andreas et al.，2007）。欧洲的很多长期试验发现，在种植业与养殖业结合的有机农业系统中，作物产量比常规种植平均低20%，而单纯种植业的有机农业系统中，作物产量低18%～36%（Belde et al.，2000；Langmeier et al.，2002；Denison et al.，2004）。Vida等（2000）研究了立陶宛有机和常规两种模式下种植的大麦、冬小麦和甜菜的产量，结果表明：有机模式种植的平均产量比常规模式种植的产量低27%；澳大利亚在New South Wales州的两个种植业与养殖业结合的农场进行了长达30年的对比研究，发现有机种植下小麦年平均产量比常规种植下低48%（Conyers et al.，2003）。但这些比较结果都是在不同的养分投入、不同的种植管理条件下得到的，缺乏足够的说服力。

通常认为有机农业产量低的观点大多建立在有机种植开始后几年内与常规种植下的产量比较上。而有机种植体系是一种人工控制下的快速的生态系统变化过程，它需要一定的时间才能达到稳定的状态，因此在从建立到平衡的转化期，产量必然受到有机种植体系内外多种因素的影响。这段时期的产量不能作为一个标准来衡量有机种植与常规种植的优劣。在对Baden－Wurttemberg地区的研究表明（科学技术部中国农村技术开发中心组，2006），产量与有机种植体系的建立时间长短有关。2~5年内，有机种植管理下，谷类、马铃薯、胡萝卜、甜菜等作物产量有较大的波动，普遍低于常规农场的产量，5年之后，有机种植下的产量趋向稳定，且不易受到外界因素的影响。

许多研究也表明，有机种植模式下的作物产量并不低于常规种植，特别是在持续种植几年后，有机种植下作物产量甚至高于常规种植。Stanhill（1990）在200多个农场和5个长期控制试验站对有机和常规农业的产量做过深入调查和统计，观察的时间跨度为20年。结果表明，从常规农业向有机农业转换时的最初几年，产量有所下降，但随耕种年限的延长，产量有所增加，最后能保持持续稳定的高产；26种农作物的有机产量/常规产量比值平均为0.91±0.24；而大多数农场的牛奶和大豆的有机产量/常规产量比值超过1，说明有机农业相比常规农业在产量上没有明显的差异。瑞士1979—2001年的数据显示（Klaus，2008），在从常规种植转变为有机种植后的3~5年内，常规种植方式的小麦产量比有机种植方式下高29.2%~42.6%；5年以后在产量上的差异不大，有机种植下的产量为常规种植的97%左右；8~10年后，有机种植方式下的产量高于常规种植方式5%~14%，而且年产量稳定。

美国密歇根大学（University of Michigan）最近针对联合国粮食及农业组织提供的常规农业生产下几类常见作物的产量进行了比较，对比数据包括160例中密度农业耕作模式和133例低密度农业耕作模式。研究表明（如表1-1所示）：在发达国家由于农业生产水平较高，有机种植的产量和常规种植几乎相等；发展中国家由于农业生产水平相对较低，在有机种植下各类有机农产品产量比常规种植下的产量高2~3倍。从世界的平均水平来看，有机种植下的粮食产量超过了常规种植，可以满足目前全世界的粮食供给。

表1-1 FAO提供的主要作物有机种植与常规种植的平均产量比（有机：常规）

作物种类	世界平均			发达国家			发展中国家		
	样品数	平均比	标准误差	样品数	平均比	标准误差	样品数	平均比	标准误差
谷类	171	1.312	0.06	69	0.928	0.02	102	1.573	0.09
淀粉根类	25	1.686	0.27	14	0.891	0.04	11	2.697	0.46
糖类作物	2	1.005	0.02	2	1.05	0.07	—	—	—
豆类	9	1.522	0.55	7	0.816	0.05	2	3.995	1.68
油料作物	15	1.078	0.07	13	0.991	0.03	2	1.645	0
蔬菜	37	1.064	0.1	31	0.876	0.04	6	2.038	0.44
水果	7	2.08	0.43	2	0.955	0.02	5	2.53	0.46
总计	266	1.325	0.05	138	0.914	0.03	128	1.736	0.09

注：数据来源于Smith et al.，2008

我国的有机种植业起步晚，有机蔬菜、有机水果、有机稻米等有机粮食作物的种植时间不长。虽然国内有大量的关于使用有机肥对作物产量的影响和作用等方面的研究，但这些研究都不是在有机种植条件下进行的，而且绝大多数研究都是使用未加工处理的有机肥，或者是配合化肥混合使用的情况下得到的结果。因而在有机种植研究中缺乏长期性的资料，涉及有机食品与常规食品间的对比研究也就较少。

台湾地区以有机轮作为主要措施的有机种植农场在1983—1985年间的结果表明，甘蓝－萝卜－玉米的轮作模式下，有机种植的年度总产量比常规种植分别减产10.8%、12.3%和5.5%；玉米－毛豆－水稻的轮作下，有机种植的年度总产量比常规种植分别增产4.5%，6.9%，26.2%。席运官等（1999）在相同的施氮量条件下比较了莴笋和洋葱连续两年在有机和常规种植下的产量，结果发现，有机莴笋、有机洋葱产量都超过常规种植下的2倍。宋东涛（2008）在北京郊区的设施菜地中对番茄－芹菜－番茄的轮作中发现，在有机肥施用量为22.5～67.5t/ha（折合施氮量74.2～222.7kg/ha）时，有机番茄的产量在110～113t/ha，芹菜的产量为66～68t/ha。谢永利（2008）在河北曲周为期5年（2002—2006）的黄瓜－番茄轮作的研究表明：在同等施肥条件，有机黄瓜在2002，2004，2005三年的产量分别为常规种植的54.2%，120%，118.1%；2003—2006年间的有机西红柿产量分别为常规种植的102%，108%，107%，113%。

1.2.2 有机种植对作物品质的影响

品质是一个内涵复杂而外延广阔的概念。欧洲质量监督组织认为"品质是满足人们需要的各种特征和特性的总和"。我国《农业大词典》中对蔬菜品质划分为蔬菜内在的营养品质和外在的商品品质。前者主要是指营养成分，如维生素、矿物质、特殊芳香物质、蛋白质、脂肪及有机酸等含量，以及有害物质残留量的有无和高低。后者则侧重于外观的商品性状，如大小、形状、色泽、质地等，是商品分级的主要依据（《农业大词典》编辑委员会，1998）。有学者把蔬菜的品质根据农产品理化性质、结构学特点、产品用途、工艺流程、贮藏保鲜特点5个大方面分为14种类型，即物理品质、化学品质、食用品质（包括营养、烹调、蒸煮和卫生品质）、饮食加工品质（包括食品加工、酿造加工品质）、饮用品质、外观品质、内含品质、商品品质（销售、市场品质）、医用品质、工业用品质、一次加工和二次加工品质、保鲜品质和贮藏品质（吕家龙等，1992）。这是到目前为止对蔬菜品质最为全面的描述。

人们对于蔬菜品质的要求总是不断提高。在粮食、果蔬等食品供应有限的条件下，人们对食品的需求比较注重其营养成分，如维生素、蛋白质等；当基本营养需求得到满足时，更多人对粮食、果蔬中所含有的可能对人体健康造成危害的不良成分如硝酸盐、重金属等给予更多的关注；与此同时，随着医学研究的不断深入，食品中所含有的某些非必需营养成分的保健作用不断被揭示，因而逐渐被越来越多的消费者所重视，如番茄红素、甾类、糖苷等（王正银等，1999）。随着生活水平的不断提高，人们对食品的基本营养、安全、保健需求得到进一步满足时，追求高品位的感官享受，即更注重那些蔬菜产品中能够给人带来愉快感官刺激的品质性状，如漂亮的外观、亮丽的色泽、独特的风味等。有专家因此预言感官品质将为新的发展趋势（Martens et al.，2003）。

有机食品采用有机种植方式生产或采集野生的天然产品，在生产过程中绝不使用化学肥料、农药、生长调节剂和除草剂以及基因工程品种；产品在整个生产过程中严格遵循有机食品的加工、包装、储藏、运输标准；生产者在有机食品生产和流通过程中，有完善的质量控制和跟踪审查体系，有完整的生产和销售纪录档案；有机食品还必须通过独立的有机食品认证机构认证（IF-OAM, 2003）。可以说，从选种到餐桌的整个过程，有机食品都可以提供严格的安全保障措施，因此，有机食品是目前公认的最高等级的食品。大众普遍认为有机食品更富有营养和安全性，更适合婴幼儿食用。目前在德国、瑞士、瑞典等国家，有机食品已经成为政府推荐的婴幼儿食品。

有机食品中蔬菜类、谷物类研究得最多，包括研究与常规蔬菜、谷物在质量上、营养上、感官和安全性等多方面指标的比较。Lanpkin（1990）通过12年的比较研究表明，有机蔬菜含有更高的蛋白质、VC、Fe、K、P和较低的Na，其中VC含量高于常规蔬菜的28%，干物质含量高出23%，Fe含量高出77%。Ewa（2000）研究波兰有机种植和常规种植条件下的胡萝卜和卷心菜的营养和感官品质，结果表明，有机胡萝卜含N量较低，口感和风味都比较好，卷心菜含有更多的VC和P，较少的Ca。从我国江浙一带有机农场得到的结果也表明，在多数营养指标上，有机蔬菜占有优势，特别是钾、钙、镁、铁等矿物质含量与维生素含量，但是蛋白质、糖类等方面与常规蔬菜没有明显差别，而一些瓜果类如番茄、黄瓜则低于常规种植（科学技术部中国农村技术开发中心组，2006)。

有机种植对果蔬感官品质和风味物质有显著影响。除了作物的品种外，以现代农业为代表的常规种植管理是造成水果、蔬菜风味降低的最重要因素（Buettner et al.，2003)。Pérez－Lopez 等人（2006）的研究表明，有机种植下 11 种柑橘品种的光亮度比常规种植下更高，榨出的柑橘汁更加具有高强度橙黄色泽。Antonio 等人（2006）对 Clemenules（一种地中海地区栽培最广泛的柑橘品种）也做了同样的试验，发现西班牙各栽培区的不同种植模式中，有机种植下的 Clemenules 果汁色泽度更好，在储存三个月后，养分损失量最小。有机种植下柑橘的有效风味物质（主要为芳樟醇和香叶烯）含量显著高于其他种植模式，储存后的残留量仍然在感觉阈值之上，而其他种植模式下则达不到感觉阈值。席运官等（2006）研究了有机水稻和常规水稻的稻米质量，结果表明：二者稻米品质没有明显差别，有机稻米的外观品质好于常规稻米；有机稻米蛋白质含量低于常规稻米，但食物风味好于常规稻米。

严格按照有机种植标准下生产的有机蔬菜无化学药品残留、无污染，更适合人体健康。Williams（2002）对不同种植体系下的蔬菜做了比较，认为有机蔬菜的硝酸盐含量最小，尤其是叶菜类，能比常规种植下降低 45% 以上。Rinaldi 等（2007）对番茄的研究也得到类似的结果，有机种植下番茄的硝酸盐含量可降低 27%。Vogtmann（1988）也认为有机种植管理下蔬菜的硝酸盐含量远远低于常规种植管理，尤其是叶菜类、根茎类蔬菜更为明显。席运官等（2006）对江浙地区有机稻米的检测结果发现，铜、铬、铅、锌、锰等5种重金属含量均低于常规稻米，比常规稻米的安全性高。

众所周知，食品品质对人类的健康有重要影响。Annette等（1994）研究得出，常食用有机食品的顾客精子质量高于食用常规食品的顾客。Peter（2000）综述了有机食品对过敏、癌症和其他常见病的影响，认为有机食品对过敏、癌症和其他的盛行病有预防作用，但仍需要做更多关于有机食品成分的基础研究。由于此类研究涉及面太广，至今仍没有得出较一致的结论。

综上所述，有机食品已经成为食品市场的"新贵"和"宠儿"，而目前国内外对有机食品的研究还在热衷于和其他类型食品品质的比较上。我国的有机种植有自身的特点，在有机食品品质方面的研究应该充分吸取国外经验，避免重复研究。我国幅员辽阔，地形复杂，跨越纬度极大，存在多种不同的种植模式，即使是有机种植模式，也因土壤条件、耕作制度、气候等多方面的差异而难以达成统一标准。因此，没有必要对不同地区、不同作物做品质比较。而应该把研究重点放在有机种植管理中如何搭配不同的养分配置来提高粮食、果蔬的品质。我国蔬菜生产中素有注重施用有机肥的传统和习惯，但鉴于有机肥种类繁多，且各地所施用的有机肥在有效养分和有害物质的种类及其含量、理化性状、加工方式等方面差异较大；即使在有机种植条件下也存在肥料中重金属含量偏高、施肥偏多、水肥管理不当等符合有机种植标准而又存在相当隐患的现象。这些现象对有机产品品质会产生不良影响。我国有关有机肥和品质的相关性研究，前人都是在常规种植管理下有机肥和化肥混合使用的基础上进行的。对单施有机肥的情况下对品质，尤其是蔬菜品质的影响缺乏足够的研究，有机种植管理下的品质研究就更少。为了保证有机食品的信誉度和维持有机食品市场的正常化运转，很有必要对有机种植管理下不同养分投入对品质的影响做深入研究。

1.2.3 有机种植的水肥耦合效应与养分管理

在过去几十年里，农业的迅速发展主要是靠不断增加投入来达到目的。化学肥料的大量投入，在促进农业迅速发展的同时，也引起了一系列环境、资源和产投比降低等问题（朱兆良，2008）。有机农业认为，施肥是为了维持土壤肥力，而不是直接给作物提供养分。土壤是一个有生命的系统，施肥首先是培育土壤，土壤肥沃了，会增殖大量的微生物，再通过土壤微生物的分解作用，使作物获得平衡的营养（Tiekert，2008）。有机种植强调“健康的土地才能生产出健康的作物”（Watson et al.，2002），因此，对投入的养分有严格的要求与限制。有机种植中允许使用秸秆、草木灰和矿石等来自自然的产物，因此，种植体系中的磷、钾养分一般都不会缺乏，足以提供作物的正常生长（Zoebl，2002）。氮肥等其他营养元素一般都来源于有机肥。在所有国家的有机种植中，有机肥是有机种植中最主要的肥料来源（IFOAM，2008）。

近十几年来的大量研究都表明了，有机肥作为一种完全肥料，能提供给土壤全面、丰富的各种养分，对土壤培肥有极其显著的作用，是维持土壤肥力最有效的因素（Macilwain，2004；王立刚等，2004；曹志洪，2003）。有机肥能减少土壤养分固定，提高难溶性养分的活性（周启星等，2005）。有机肥具有缓冲作用和保肥保水作用，调节土壤理化性状，提高微生物多样性，提高根际周围土壤酶活性，改善土壤健康质量（任天志，2000；张福锁等，2009）。使用有机肥在很大程度上弥补了化肥的不足，因此在农田、菜地、果园的养分投入中，有机肥施用量越来越大。据统计，我国农田中有机肥供应的养分（N、P 和 K）比例呈逐年增加的趋势。蔬菜生产中有机肥的氮素和钾素投入比例已经超过了化肥的投入比例（朱兆良等，2006）。

众所周知，长期的大量施肥导致土壤养分超出作物的需求量和土壤固持能力，引起作物品质、肥料利用率的降低，同时对环境造成污染。过量施用有机肥同样也会给作物和土壤带来一系列的不良后果（吴大付等，2007）。蔬菜种植，特别是设施菜地种植中，由于复种指数高，经济收益大，菜农在高产出、高收益的刺激下，往往盲目地大量施肥，加上不合理的农业管理措施，导致设施蔬菜生产中养分过量投入的问题日益突出（陈清等，2002；杜会英，2007）。在有机种植中没有对有机肥的施用量进行明确的规定，过量施肥的问题也同样存在，如河北、山东、北京等地区的多数农场，每亩有机肥施用量高达 4 ~ 6t，超过澳大利亚有机农场施肥量的 2 倍以上（张晓晟，2005）。有研究表明，我国北方主要粮食作物有机肥利用率一般仅在18% ~41%，蔬菜作物由于施肥量高，有机肥利用率更低，仅在10%左右（李俊良等，2004）。建立合理的养分管理体系已成为当前我国有机农业发展的首要任务，而研究有机种植中肥料的高效利用和施肥管理措施是核心和关键。

水是土壤中最活跃的因素，是土壤中许多化学、物理和生物过程的必要条件。水肥耦合效应指在农业生态系统中，土壤矿质元素与水这两个体系融为一体，相互作用、互相影响而对植物的生长发育产生的结果或现象。自从Arnon提出旱地植物营养的基本问题是如何在水分受限制的条件下合理施用肥料、提高水分利用效率以后，水肥之间的耦合效应开始引起重视。水肥对植物的耦合效应可产生三种不同的结果或现象，即协同效应、叠加效应和拮抗效应（穆兴民，1999）。我国20世纪80年代农学界提出以肥调水、以水代肥的观点，即通过合理施肥改善作物的营养条件，提高作物对土壤蓄水的利用能力，进而提高产量和水分利用效率。

水肥耦合效应方面的研究主要集中在干旱地区小麦、玉米等大田作物上，对保护地蔬菜的水肥耦合研究相对来说较少（梁运江等，2006；于亚军等，2005；马强等，2007）。有机种植中的水分管理往往被忽视。从目前对蔬菜种植中水肥耦合效应的研究结果上看，在干旱、半干旱地区开展的研究较多。宁夏的日光温室滴灌辣椒水肥耦合效应研究指出（高艳明，2000），水、氮、磷等因素影响滴灌辣椒产量的顺序为灌水量大于施磷量大于施氮量；灌水量与施磷量及施磷量与施氮量的交互作用较显著，尤以高水配以低磷，高氮配低磷时在所取水平范围内产量达最大值。葛晓光等（1989）的试验表明，对甜椒生育和产量形成影响较大的因子是密度和肥料，水、肥的交互作用显著。贺超兴等（2001）则认为各因子影响产量的大小顺序为：灌水量大于氮肥大于钾肥。氮、钾与灌水量对番茄增产有明显的正交互作用，通过适当的肥水配合不但可提高肥料利用率而且还可促进番茄高产。梁运江等（2003）在试验结果有些不同，水、氮、磷三个因素对辣椒产量的影响大小基本相近，灌水量和氮肥、氮肥和磷肥对辣椒产量的耦合作用为负效应，灌水量和磷肥对产量的耦合作用为正效应。虞娜等（2003）用三元二次多项式拟合番茄产量与氮肥、钾肥用量及灌水下限间的关系，得出类似结果，各因素对番茄产量影响作用顺序为：灌水下限大于氮肥用量大于钾肥用量，施肥与灌水下限有明显的正交互作用，且氮肥与灌水下限的交互作用大于钾肥与灌水下限的交互作用。由此可见，水肥耦合对作物产量的影响主要反映在水肥供应水平上，在水肥均不足的情况下，补充水分可增加产量，施肥的增产效果大于水分的增产效果。而随着自然肥力提高，水分作用越来越大，并且水肥对产量有耦合效应。施肥有明显的调水作用，灌水也有显著的调肥作用。灌溉量少时，水肥的交互作用随肥料用量增高而增高，灌溉量高则趋势相反。水肥耦合还存在阈值反应，低于阈值，增加水肥投入增产效果明显；高于阈值，增产作用不明显。

水肥耦合对作物品质的影响是近年来研究的新方向。保护地的水分可以精确控制，因而水肥耦合对品质的影响研究主要集中在保护地蔬菜的种植试验。张洁瑕（2003）对高寒半干旱区西芹水肥耦合效应及硝酸盐限量指标的研究表明，西芹中硝酸盐积累量随施肥量，特别是氮肥的增加而增多，随灌水量的增加而减少。两者的不同组合，均可影响西芹对硝酸盐的吸收和转化，以及硝酸盐在西芹中的积累量。单因子效应表明，在一定用量范围内，施氮量与西芹中 NO_3^- 含量呈正相关，超过这个范围后不再增加，P 效应通过与其他因子结合，表现出不确定性；水因子则表现强烈的稀释效应。丁果（2005）在日光温室中对不同水肥管理下番茄黄瓜的试验表明，番茄果实的营养成分受水量的影响较小，受施肥量影响较大；中肥有利于果实中 VC 含量的增加，高肥有利于果实中糖/酸的提高。黄瓜果实中可溶性固形物及 VC 含量基本上不受水、肥量多少的影响。周博等（2006）在日光温室栽培条件下的研究结果表明，节水灌溉处理对番茄产量与品质及土壤养分累积等指标均未产生不良影响。陈碧华等（2007）在河南的试验得到了类似结果。

我国耕地资源和水资源短缺，城郊地带是主要的蔬菜种植区，也是水资源最短缺的地区，有效利用水肥资源是实现城郊蔬菜地可持续发展的根本保证和唯一出路。针对节约水肥资源，减少养分流失，控制农田污染，提高蔬菜产量和品质，进行城郊蔬菜种植的水肥耦合效应和养分综合管理是实现经济效益、社会效益和生态效益相结合的重要保证。也是目前急需解决的问题之一。建立多因子、长时间、大规模以及产量、品质、生态环境效应等方面综合考虑的水肥效应试验在国内外的研究很少，有很大的研究空间。

1.2.4 有机种植的环境效应

有机种植的环境效应主要表现在养分施用过量对土壤环境和地下水的影响、重金属污染和土壤生物多样性变化三个方面。

(1) 氮素淋溶损失

一般认为施用有机肥是绝对安全的，因此被广泛地推荐施用。事实上，不适当施用有机肥和农业生产当中有机肥资源管理处置不当，都可能引发生态环境问题。洛桑 130 年的试验表明，施用有机肥易使土壤中无机氮含量过高，对环境构成潜在威胁。由于人类不合理的施用以及对氮肥环境负面效应的忽视，氮素污染已成为仅次于气候变暖和生物多样性衰减的全球性环境威胁 (Giles，2005)。近年来随着我国经济的发展，所排放的垃圾、畜禽粪便等有机废料激增，由于缺乏相应的管理措施，在许多地区，这些有机废料成为种植业有机肥料的主要来源（张世贤，2001；刘睿等，2007）。在我国蔬菜种植中普遍存在的施肥过量的现象，过量施肥尤其是氮肥，已成为一个不可忽视的环境问题（张福锁等，2006）。中国每年因不合理施肥造成 1000 多万吨氮素流失到农田外，通过氨挥发、地表径流、淋溶等形式对大气、水体造成污染（邱建军等，2008）。

因氮、磷的大量累积而引发的径流流失和淋溶损失是养分损失的主要形式之一。过量施用有机肥带入土壤的N、P养分超过作物的吸收，尤其是有机肥的养分比例与作物需求比例不适合，常常表现出作物吸收的N/P值比有机肥的N/P值高，因而以对N需求总量施用有机肥导致了N 、P在土壤中的累积。同延安等（1995）进行了有机肥对土壤 NO_3^- – N累积影响的试验，结果表明过量施用有机肥会引起2m以下深层土壤 NO_3^- – N大量累积，对地下水的潜在威胁不容忽视。土壤中残留大量的 NO_3^- – N对环境是极不安全的，残留的养分可以通过地表径流造成地表水的富营养化。据研究（吕殿青等，2002），在湖泊富营养化中，由肥料流失的磷占总磷量的4% ~10%，其中有机肥就占了3% ~7%。不可否认，我国滇池、太湖的“藻华”大爆发与周边农业施肥的不合理密切相关（朱兆良等，2006）。

氮素的淋溶损失一直都是研究的热点。早在1905年就受到英国科学家Warrington（1905）的关注。尽管有机肥对于化肥氮肥而言在土壤中的存在形式更加稳定，有机肥有较长后效性，施用后的两三年期间也可以大量释放 NO_3^- – N（Hansen et al.，1996）。英国Rothamsted试验站试验表明，在长期施用有机肥（氮238 kg/ha）的小区，不论是否施用无机氮肥，地下水中 NO_3^- – N的浓度以及硝酸盐的淋失量均比只施用无机氮肥的高（Conrad et al.，2002）。20世纪90年代瑞典和奥地利开始的一系列长期溶洗试验中（Torstensson et al.，2006；Lindenthal et al.，2003），有机农业和常规农业都采用相同的轮作制度和种类，施用相同的氮肥量。结果表明，从有机农业系统中淋失的养分比常规农业高得多，进入排水中的氮、磷也高得多。作物对氮的需求和氮从有机肥中的释放的不同步是导致有机农业系统中养分淋溶比常规农业高的主要原因。当作物生长不需要氮时，更多施用的有机氮仍然留在土壤中不断矿化，释放出无机态的氮。也有文献表明，在一个作物轮作周期中，有机种植（种植与养殖结合）系统中硝酸盐的淋失比常规农业低些（Kirchmann et al.，2007）。

未经处理的有机肥对地下水的影响受到密切关注。Yadav 等（2004）已发现，长期施用有机肥的稻米－小麦种植体系中，约68%残留在非根层土壤剖面中的 NO_3^- －N 和20%残留在根层土壤中的 NO_3^- －N 进入地下水。欧洲一些国家的土壤学家也认为导致地下水污染的 NO_3^- －N 可能并非仅来自化学氮肥，而是同时来自土壤有机氮的矿化和秋季施于农田的家畜粪尿。Adams（1994）指出，每年的禽粪用量不应超过 11.2 t/ha。Ledgard 等（1997）的研究也认为，鸡粪施用量超过 13.5t/ha 会使地下水 NO_3^- －N 含量超过 10mg/L。但是大量秸秆还田的自身矿化的氮素对地下水的潜在威胁鲜有报道。与此同时，许多发达国家还通过立法对畜禽粪便还田加以规范化管理。荷兰政府对农田畜禽粪施用量进行了明确的规定，如畜禽粪草地氮用量标准为250kg/ha，而耕地上的限制标准为170kg/ha，法国、意大利、德国、英国等国也分别制定了 150～250 kg/ha 不等的畜禽粪便氮使用的控制标准，此外，丹麦、芬兰、挪威、瑞典等国通过限制单位面积上的载畜量来控制畜禽粪便的农田投入量。这些国家制定的政策保障了畜禽粪便施用量与农田消纳和利用能力相适应，同时，对最大施肥量、施肥时间、施肥方法等也进行了限制，以保证在粪便施用过程中不造成对地面水域及地下水质污染，不破坏土壤的自净过程，不造成农作物品质的异常恶化。

农田氮素淋失是我国氮素研究中的薄弱环节。从20世纪90年代开始，就对以氮素污染为重点的非点源污染研究展开了大量调研，并对有机肥施用带来的环境效应也做过较深入的探讨，一致认为地下水硝酸盐含量的超标比例有增加的趋势，而且蔬菜保护地面积大、密度高的种植区周围的地下水硝酸盐含量的超标比例要高于蔬菜保护地面积小、密度稀的地区。土壤中NO_3^-－N的淋失是氮素损失的重要途径之一，而且也是导致地下水资源氮素污染的重要原因。施入农田中的氮肥大约有30%～50%通过淋溶进入地下水，京、津、唐地区69个观测点地下水中，半数以上NO_3^-－N含量超过饮用标准（NO_3^-－N含量不高于10mg/kg），高者可达67.7mg/kg（刘宏斌等，2001；寇长林，2004；张云贵等，2004）。华北14个县市的调查结果显示，69个点的地下水硝酸盐含量有50%超标，其中，最高含量达300mg/kg（朱兆良等，2006）。刘朝辉（2000）在山东省莱阳市露地蔬菜生产基地和寿光市保护地蔬菜生产地对111个地下水的测定结果表明，在6～12m深的井水样品中，有84%的水样硝酸盐含量超标；在20～30m深的井水样品中，有32%的硝酸盐含量超标。张维理等（1995，2004）的调查研究进一步表明，在华北地区，年施氮量超过500kg/ha而且作物吸收不足氮素用量40%时，一般地下水硝态氮含量都要超标。即使不施用化学氮肥而大量施用有机肥，也会引起地下水硝酸盐含量升高，如唐山市北区甄子村的菜地大量施用有机肥料，基本不施化肥，其地下水硝酸盐含量仍高达 180 mg/kg。

上述研究的重点都是集中在大量施肥对地下水的影响，调查对象基本都是浅层地下水和0~6m深的土层；虽然忽略了各个地区的种植方式、土壤质地和水肥管理在其中的作用，但对有机种植中控制养分流失还是能提供很好的借鉴。虽然我国的有机种植处于起步阶段，但发展的潜力巨大，发展的速度飞快，而有机肥是有机种植中最主要的肥源，过量施肥的习惯在有机种植中也同样存在，因此，借鉴已有的研究成果，进一步深入研究有机肥的环境效应是很有必要的。有机肥施入前的无害化处理，是有机种植与常规种植的重要区别。经过无害化处理的有机肥在土壤中的矿化速率、分解过程以及对土壤肥力持续力和环境效应有其独特特点。在有机园艺种植技术上，改进有机肥的加工和施用技术，加强水与有机肥的科学管理，防止 $NO_3^- - N$ 在土壤中大量累积及淋溶等方面还尚待研究。

(2) 土壤重金属污染

土壤重金属污染一直是各界普遍关注的世界性问题。有机肥的使用对增加土壤中重金属含量有重要影响，由此带来的土壤重金属污染越来越受到人们重视。土壤重金属污染是指由于人类活动将重金属加入土壤中，致使土壤中重金属含量明显高于其自然背景值，并造成生态破坏和环境质量恶化的现象（Cheng, 2003）。重金属对土壤的污染常常是永久性的，而且在很大程度上是不可逆过程。因此，一些国家制定了土壤重金属最大允许负荷指标，如表1-2所示。

表1-2 有关国家限定的土壤表层重金属最大承载量（kg/ha）

元 素 Element	美 国 America	德 国 German	英 国 British	法 国 French	荷 兰 Dutch	加拿大 Canada
As	41	40	20	40	60	14
Cd	39	6	7	4	10	1.6
Co	—	—	—	—	100	30
Cr	300	200	1200	300	500	210
Cu	1500	200	280	200	200	150
Hg	17	4	2	2	4	0.8
Mo	18	—	—	—	80	4
Ni	400	100	70	100	200	32
Pb	300	200	1100	200	300	90
Se	100	—	—	—	—	24
Zn	2000	600	560	600	1000	330

资料来源周启星等主编，《健康土壤学——土壤健康质量与农产品安全》，2005。

目前，我国重金属污染的农田面积逐年扩大，已超过2000万公顷，占总耕地面积的80%，城郊菜地土壤重金属污染更为严重和普遍（杨科璧，2007）。我国集约化养殖业与种植业的迅猛发展加剧了土壤重金属污染。饲料添加剂的广泛使用，使畜禽排泄物中重金属的含量远远超过世界上任何一个国家制定的肥料重金属限量标准。在养殖、畜牧业生产中，由于一些微量元素如Cu，

Zn，Fe，As被广泛应用于饲料添加剂中（徐谦等，2002）。一些饲料厂和养殖场普遍采用高铜、高铁、高锌等微量元素添加剂。如有的在仔猪和生长猪粮中添加无机铜（$CuSO_4$）达100～250 mg/kg，有的高达200～300 mg/kg；在猪的浓缩料中铜的含量达1000～1500 mg/kg；有的在每吨仔猪日粮中添加锌（$ZnSO_4$）达2000～3000mg/kg（Mcbride et al.，2001）。Nicholson等（1999）研究了英格兰和威尔士183种畜禽饲料和85种畜禽粪便中重金属的含量：大多数饲料和粪便中均含有较高的铜和锌的含量，其中猪饲料中含锌和铜分别为150～2920 mg/kg和18～217 mg/kg干重。而在典型的猪粪中锌和铜分别为500 mg/kg和360 mg/kg干重。还有研究表明（张树清等，2005），随着饲料中铜和锌添加量的增加，这些重金属的排泄量几乎呈直线上升，铜和锌在粪中排泄量占95%以上，只有少量排泄于尿中。据报道（熊国华等，2005），全国每年使用的微量元素添加剂为15～18万吨，但由于其生物效率低，大约有10万吨左右未被动物利用而以粪便形式排出体外进入环境。

城市生活垃圾和污泥等也是造成重金属污染的重要来源。近年来菜农越来越普遍地施用垃圾和污泥堆肥，菜田土壤重金属含量均高于农业土壤背景值，特别是汞含量高于背景值32倍，铅、镉含量高近2倍，引起蔬菜重金属含量超标（刘荣乐等，2005）。

由于重金属具有污染物的多源性、隐蔽性、一定程度上的长距离传输性和污染后果的严重性，在有机种植中土壤一旦受到污染，就被取消有机种植的资格。由于目前尚未出现有效去除或者钝化重金属的方法，对有机肥中重金属含量只能严格限制。长期施用重金属含量较高的有机肥，即使肥料合格，也有可能造成菜地重金属污染，影响有机种植的土地使用年限。因此，一方面，开发和加工安全型有机肥成为紧迫而艰巨的研究重点；另一方面，通过适当的施肥管理，控制蔬菜中重金属的累积，并采用合理的轮耕，寻找具有富集作用的蔬菜，利用其非食用部分吸收土壤中重金属。利用共生关系，采用植物－菌类的共生体系来降低土壤重金属含量是发达国家在有机种植中常用的主要手段。Gosling等（2006）的研究证明真菌菌根与植物根系能共生，使系统增强抵抗土壤病虫害能力，提高抗旱性，耐重金属性和改良土壤结构。

（3）对生物多样性的影响

生物多样性的变化是有机种植对作物－土壤－生物体系影响最直观的体现。欧洲、北美和大洋洲的许多科学家以现代常规农业生产系统作为对照，开展了有机农业对农田生物多样性影响的研究，并获得了许多具有重要科学价值的研究结果（Holed et al.，2005）。而我国的有机农业，尤其是种植业几乎都是在保护地中进行，在此领域的研究几乎是空白（王长永等，2007）。少数的研究也只是针对土壤生物、土壤微生物等土壤－根系系统内的生物。

土壤动物在土壤有机质分解、养分循环、改善土壤结构、影响土壤质量和植物演替中具有重要的作用（尹文英，2000）。土壤动物群落与土壤微生物等其他生物构成了地下生物群落，它的生存、活动对土壤有机质的形成、土壤结构与物理化学性质的变化有一定影响（刘长海等，2007）。地下生物群落是土壤生物区系的关键性功能要素，一些微生物学参数可以综合判断土壤健康状况（任天志，2000）；也是土壤健康的敏感性量化指标，并有潜力作为土壤生态系统受污染和胁迫的预警性监测指标（赵吉，2006）。一些研究表明，有机农田蚯蚓的多度和物种丰富度高于常规农田。Brown 等（1999）报道，有机农田蚯蚓密度约是常规农田的 2 倍，物种丰富度也较高。其他相关研究也发现，有机农田比常规农田拥有较多的蚯蚓种群数量。但是也有一些研究表明（Czarneckia et al.，1997），有机农田与常规农田蚯蚓生物量和密度没有显著差异，甚至在多度上还低于常规农田。

线虫在土壤中数量大，并在土壤食物网中行使许多生态功能，因此，在有机农田与常规农田的比较研究中较受重视。从少数研究结果来看（Yeates et al.，1999；Berkelmans et al.，2003），与常规农田相比，有机农田的线虫多度趋向于升高，但是不同功能组线虫表现却完全不同。例如，以细菌为食的线虫在有机农田多度较高，而以真菌为食的线虫则在常规农田较高。谢永利（2008）在山东连续 5 年有机、常规、无公害等三种种植模式下的试验表明，有机和无公害生产模式下的蚯蚓和线虫数量要高于常规生产模式下的蚯蚓和线虫数，2006 年有机、无公害和常规生产模式下蚯蚓总数分别为 17554 条/m^2、12998 条/m^2 和 1899 条/m^2；线虫总数有机、无公害和常规生产模式下分别为 1621 条/m^2、893 条/m^2 和 90 条/m^2。三种模式下食细菌线虫都是温室大棚土壤线虫的优势类群，食真菌线虫和捕食－杂食性线虫较少。关于农业生产系统对土壤微生物群落的影响，许多研究者认为（Girvan et al.，2003），土壤因子以及作物类型对土壤微生物群落的影响与农业耕作制度同等重要。

目前的研究局限在对土壤地下生物数量、种类和分布等层面，对于这些生物具体在作物生长、土壤培肥、抑制重金属等方面的作用还欠缺深入研究。

1.3 研究目的和意义

城郊接合部既是城市居民果蔬等重要农产品供应基地，又是城市生态的重要调节区域，还是种植、养殖和加工业高度密集的区域。农田污染来源复杂、污染负荷严重，是我国集约化农田污染的一个典型缩影。既有因肥料、农药、畜禽粪便不合理、过量投入所带来的农田自身污染，也有规模化养殖场和农产品加工厂废水未经处理、无序排放所带来的外源污染。

城郊接合部人口密集，耕地紧张，蔬菜、花卉作物往往是该区域的主导作物。在经济利益驱使下，城郊集约化农田农用化学品过量投入极为严重。以北京为例，“十五”初期，朝阳、海淀和丰台等三个城郊结合区平均氮磷化肥用量分别高达928 kg/ha和290 kg/ha，有机氮、磷养分分别达1100 kg/ha和876 kg/ha，远高于其他远郊农区。不合理、过量施肥直接破坏了作物营养平衡，诱导、加剧病虫害的发生，进而导致农药用量加大，农产品污染问题日益突出。据农业部2001年对20个省（市）130种蔬菜和水果的10187个样品进行农药残留检测，超标率达31.1%。由于城郊农产品输送的专一性，因此农产品污染已严重威胁到我国城市居民身体健康。因此，开展城郊集约化农田污染防控，对于确保城市农产品供应安全具有重要意义。

农用化学品的过量施用，一方面导致农产品质量下降，另一方面也直接造成地下水资源和地表水资源污染。以北京市为例，朝阳、海淀和丰台三个城郊结合区是全市地下水硝态氮污染最为严重的地区，灌溉机井硝态氮平均含量达11.33 mg/L，相当于远郊农区(4.31 mg/L）的2.63倍；城郊区灌溉机井硝态氮超标率（硝态氮含量不低于10mg/L）为52.6 %，比远郊农区高37个百分点。

30多年以来，世界有机农业的发展证明有机农业具有可行性和优越性。它可以帮助解决现代农业带来的如严重的土壤侵蚀和土地质量下降，环境污染，能源高消耗，物种多样性的减少等一系列问题。我国有机农业也由点到面逐渐发展起来。推广城郊有机园艺种植来替代常规种植，通过控制农用化学品的施用与种植结构优化调整，削减农田养分流失；通过畜禽粪便和农业废水无害化处理与安全利用；遵循自然规律和生态学原理，协调种植业和养殖业的平衡，强化农业系统内部各类资源的循环利用；采用一系列可持续发展的农业技术，维持持续稳定的农业生产，是解决城郊集约化农田污染、保证农产品质量与安全的最佳途径之一。有机种植生产出来的农产品是被公认为最安全、最健康的食品。发展有机农业也是我国农产品在加入世界贸易组织（WTO）

后突破国外“技术壁垒”，促进农产品出口的重要手段。

我国北方的有机蔬菜种植业近几年来发展迅速，在城郊周边地区呈现出集约化发展的趋势。有机蔬菜种植业的发展对满足人们追求高品质生活、保证食品安全提供了条件，也在一定程度上缓解了规模化养殖场造成的污染，改善了周边环境。但由于长期以来养成的大水大肥的田间管理方式，在有机种植中也受到习惯的影响，加上我国有机种植中对有机肥施用量没有明确的限制，因此也普遍存在过量施肥、过量灌溉等不合理现象。有机肥的过量施用也许能在一定程度上增加蔬菜产量，但不利于保证有机蔬菜的品质，而且造成养分大量累积，增加环境污染风险。因不合理的有机肥施用而引发重金属污染也是有机种植中备受关注的问题，一旦造成种植区土壤中重金属累积超标，将失去继续进行有机种植的资格。针对当前我国北方蔬菜有机种植业中不合理的水肥管理方式对有机蔬菜的品质影响以及对环境的影响尚缺乏报道和研究，当前的水肥管理习惯是否有利于有机蔬菜种植可持续发展值得深思。

本研究以城郊结合区蔬菜园艺种植为研究对象，以有机农业的生态理论为指导思想，针对蔬菜种植中大水大肥的管理方式，在有机种植的方式下通过水肥耦合管理措施平衡土壤养分，有效地减少养分淋溶流失，保护和改善环境。揭示有机种植模式下土壤养分的变化特征和有机蔬菜种植的环境改良效应，为我国发展城郊有机园艺蔬菜种植提供技术支撑，为我国城郊集约化农田污染防控集成技术提供理论依据。

第 2 章

研究内容与技术路线

我国是一个蔬菜大国，近年来，设施菜地面积迅速增加，为发展有机蔬菜园艺种植提供了便利条件。由于有机蔬菜的价格高、销量好、收益大，有机种植方式在城市郊区被迅速推广。但我国的有机种植还处于起步阶段，有机种植的观念、标准尚未完全深入人心，种植者在实际生产过程中，仍然偏向于采用常规的管理手段（如虽然只施用有机肥，但用量却很大）。这样的管理方式对提高产量可能有一定效果，但对产品品质、菜地保育，以及周边环境可能带来不良影响，不利于有机园艺种植的持续发展。本研究主要针对有机种植过程中养分管理这个最关键而又薄弱、最重要而又最容易被忽视的技术环节，选择北京市大兴区有机蔬菜种植园区为试验基地，以日光温室种植管理为主，结合室内试验分析检测，对有机蔬菜种植中的养分管理及其环境效应开展试验研究。

2.1　主要研究内容

本书主要针对有机蔬菜种植过程中养分管理、水肥调控、品质检测三个技术环节和环境效应，重点研究在有机种植条件下，不同的有机肥和水配置对园艺蔬菜产量、品质的影响，以及在种植过程中有机肥的利用特征、土壤养分的变化特征和对土壤环境的影响。以田间试验为主，主要开展以下研究内容：

（1）有机种植条件下，不同的有机肥施用量与灌溉量管理对蔬菜生长发育及产量、蔬菜品质等农学效应的影响。包括对果实水分、全氮、全磷、全钾、维生素 C、硝酸盐、可溶性糖、可溶性固形物、有效酸、可溶性蛋白、重金属、风味物质等含量分析，重点分析在目前有机肥施用量较高的情况下对产量品质的影响。

（2）有机种植条件下，不同的有机肥施用量与灌溉量管理下的土壤养分动态变化。主要研究分析有机种植中水肥耦合管理对土壤水分和土壤养分的动态变化特征，包括土壤中有机质、全氮、硝态氮、铵态氮、速效磷、速效钾的动态变化特征；探明有机种植条件下土壤养分的累积特征。

（3）有机种植条件下，不同的有机肥施用量与灌溉量管理下的环境效应研究。主要对比研究有机种植后产生的环境效应，包括土壤中氮素的平衡与去向，硝态氮的淋溶特征和在土体中的累积变化，土壤中蚯蚓数量的变化，土壤中重金属含量变化以及蔬菜产品中重金属含量变化等；探索水肥耦合管理对减少土壤污染风险的可能途径。

2.2 研究方法与技术路线

本书技术路线如图 2-1 所示。

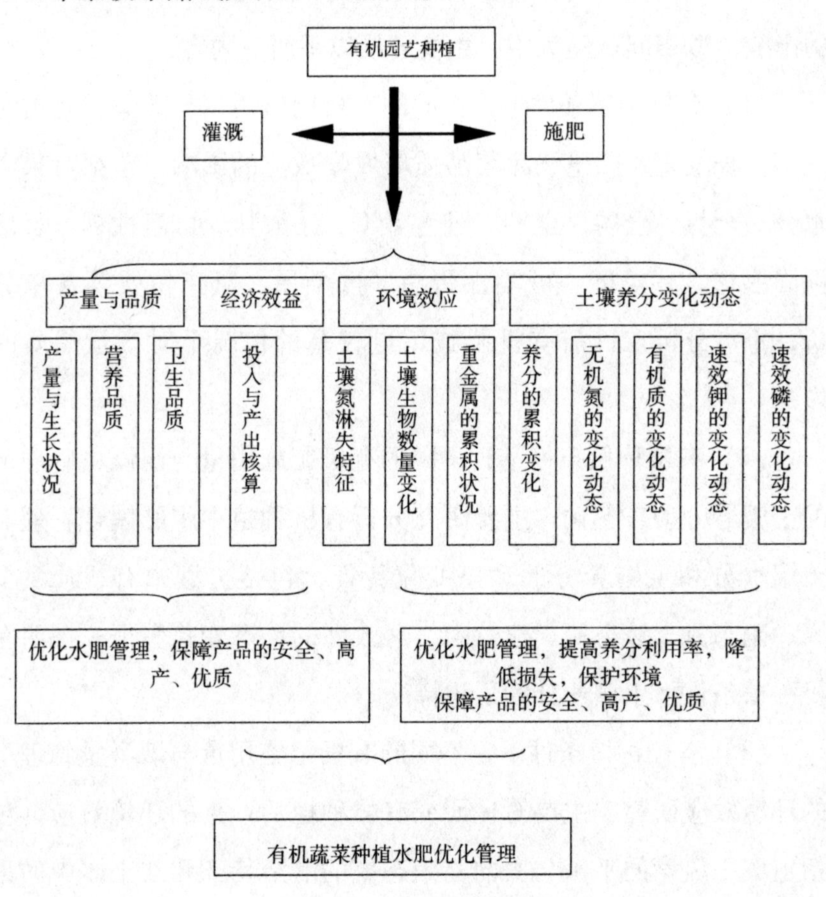

图 2-1 技术路线图

在田间试验的基础上，通过控制有机肥和灌溉水的配置组合，测定分析有机种植模式下，土壤中有机质、氮、磷、钾全量养分和速效养分的利用与流失；土壤物理性状、土壤生物的变化态势；作物的产量和品质的差异等。重点研究在有机种植模式下，各种水肥耦合配置对养分的有效利用，土壤氮素平衡与淋溶丢失，以及土壤的其他环境效应。提出在有机种植条件下，城郊典型园艺作物的养分高效管理，减少养分流失，防止环境潜在污染的措施。

2.3 试验方案

（1）试验地的基本状况

试验地点选在北京市大兴区长子营镇北京市农林科学院有机蔬菜农场试验基地。基地地处北京南郊平原，位于东经116°13′—116°43′，北纬39°26′—39°51′之间，是北京市主要瓜果、蔬菜生产基地。

本区属于北京市永定河冲积平原。地势自西北向东南倾斜，海拔高程在15～45m之间，坡度在0.8‰～1.0‰左右。年均温度为11.5℃，年温差高达30.9℃，＞10℃活动积温4161℃，无霜期190d，年平均降雨量568.9mm。大兴区土壤发育在永定河的冲积洪积母质上，自然土壤多属于浅色草甸土。在长期的耕作影响下，促进了土壤的熟化过程，已演变为耕作潮土。

基地农场以沼气为中心，串联农、林、牧、副、渔的生态系统，形成了种、养、加、产、供、销一条龙的生产体系。农场中蔬菜种植品种多，集约化程度较高，以保护地叶菜类、瓜果类栽培为主，实施根茎类－茄果类，茄果类－叶菜类，叶菜类－根菜类等多种类型的蔬菜轮作。

农场使用的有机肥为基地自制的精制有机肥。以种植园区蔬菜的废弃部分，杂草以及养殖场的鸡粪为原料，采用二次堆肥发酵的工艺流程制备而成。风干的沼渣，牛粪等种植园区外的有机废料有时作为堆肥原料。每次出产的精制有机肥由于各种原料的比例不尽相同，因此有机肥中的养分也不完全相同。在施用有机肥之前，先对肥料进行卫生、成分等方面的检测，达到有机种植标准后才允许使用。

农场对病虫害的防治以物理、人工防治为主，不使用化学杀虫剂、除草剂等化学药品。

（2）试验前土壤的肥力状况

通过对播前土壤的测试分析表明，试验地的土壤类型为壤黏质潮土，为种植多年的菜地，0～200cm 土壤剖面的基本理化性状如表2－1 和表2－2 所示，根层的土壤肥力在北京地区属于肥力较高的级别。土壤偏碱性，0～60cm 的土壤质地为偏黏壤土。试验地土壤的重金属含量符合有机种植对产地土壤条件的限量标准（见表2－3）。

（3）小区试验设计

本试验设计为有机园艺蔬菜种植的小区定位试验，开始于

2007年8月，至2008年9月底结束，一共种植4茬蔬菜。田间试验在日光大棚内进行，日光大棚为半拱圆式，外罩塑料薄膜，棚南北长58m，东西宽12m。

田间试验采用裂区设计：以灌溉量为主处理，设减量灌溉（L）和常规灌溉（H）两个因素。以施肥量为副处理，设有对照（CK），即不施肥；量施肥减半（N1），即农场的常规施肥量的一半；常规施肥（N2），即农场习惯的常规施肥量。经过组合形成6种试验处理，分别为：

①HCK：常规灌溉不施肥；

②HN1：常规灌溉减半施肥；

③HN2：常规灌溉常规施肥；

④LCK：减量灌溉不施肥；

⑤LN1：减量灌溉减半施肥；

⑥LN2：减量灌溉常规施肥。

每个试验处理设三次重复。试验小区面积为6m×5m=30m^2。

L、H、N1、N2所代表的具体灌溉和有机肥施用量视不同茬口有区别。

表2-1 供试土壤物理化学性状（一）

土层（cm）	全氮 TN（%）	硝态氮 $NO_3^- - N$（mg/kg）	铵态氮 $NH_4^+ - N$（mg/kg）	速效钾 K_2O（mg/kg）	有效磷 P_2O_5（mg/kg）	有机质 SOM（g/kg）
0~20	1.47	60.23	3.65	160.7	60.16	2.32
20~40	0.9	43.41	3.54	112	31.97	1.42

续表

土层（cm）	全氮 TN（%）	硝态氮 NO_3^- – N（mg/kg）	铵态氮 NH_4^+ – N（mg/kg）	速效钾 K_2O（mg/kg）	有效磷 P_2O_5（mg/kg）	有机质 SOM（g/kg）
40 ~ 60	0.82	36.59	3.42	94.86	13.31	0.94
60 ~ 90	0.63	28.71	3.36	77.69	8.3	0.48
90 ~ 120	0.54	22.84	2.63	46.25	1.96	0.29
120 ~ 150	0.47	21.23	2.86	—	—	—
150 ~ 180	0.25	19.96	2.47	—	—	—
180 ~ 200	0.26	17.79	2.70	—	—	—

表 2 – 2　供试土壤基本理化性状（二）

土层（cm）	pH	容重（g/cm^3）	砂粒 0.02mm ≤ Φ < 2.00mm	粉粒 0.002mm ≤ Φ < 0.02mm	黏粒 Φ < 0.002mm	土壤质地
0 ~ 20	7.75	1.34	46.56	24.73	26.61	壤黏土
20 ~ 40	7.86	1.36	48.60	24.73	26.67	壤黏土
40 ~ 60	7.87	1.41	48.54	24.73	28.73	壤黏土
60 ~ 90	7.94	1.46	58.72	20.61	20.67	砂黏壤土

表 2 – 3　供试土壤中重金属含量（mg/kg）

重金属元素	全镉 Cd	全铬 Cr	全铅 Pb	全汞 Hg	全砷 As	全铜 Cu	全锌 Zn	全镍 Ni
土壤限量标准（pH > 7.5）	0.4	250	50	1	25	100	300	60
供试土样	0.146	76.8	30	0.083	5.69	37.1	98.3	33.1

（4）试验茬口安排

在试验期间，根据当地的种植习惯和季节变化，采用小油菜－香菜－番茄－黄瓜的轮作种植模式。具体的茬口安排如表2－4所示。

表2－4　温室种植蔬菜作物茬口安排

蔬菜作物	品种名称	施肥时间	生长周期
小油菜（Ⅰ）	华冠二代	2007.8.31	2007.9.2—2007.10.14
香菜（Ⅱ）	四季香菜	—	2007.10.21—2008.3.25
番茄（Ⅲ）	中果101	2008.3.25	2008.3.29—2008.7.18
黄瓜（Ⅳ）	中农16号	2008.7.19	2008.7.20—2008.9.29

（5）种植期间的水肥管理

在试验地蔬菜种植期间，严格执行OFDC有机认证标准（2007版）的相关要求和基地有机种植标准化操作规程，基肥施用自制的商品有机肥，不施化肥；病虫害防治以生物和物理防治为主，如铺设防虫网、黄板诱杀、人工捉虫、高温焖棚灭菌等措施。每茬蔬菜具体的水肥投入情况如表2－5、表2－6所示，在种植前两天施肥，种植期间都不追肥；每次的灌溉量用水表进行计量，灌溉用水来自深层地下水，灌溉水中硝态氮的含量为2.96mg/L，铵态氮含量为0.26mg/L。

表 2－5 种植期间的灌溉量

蔬菜茬口	灌溉日期	H（mm）	L（mm）	蔬菜茬口	灌溉日期	H（mm）	L（mm）	蔬菜茬口	灌溉日期	H（mm）	L（mm）
小油菜Ⅰ	2007.9.3	60	60	番茄Ⅲ	2008.3.25	170	100	黄瓜Ⅳ	2008.7.23	200	200
	2007.9.10	170	120		2008.4.8	180	100		2008.8.4	200	200
	2007.9.22	170	120		2008.5.3	170	100		2008.8.21	200	200
	小 计	400	300		2008.5.25	170	100		2008.8.30	100	—
					2008.6.2	170	100		2008.9.7	100	100
香菜Ⅱ	2007.11.7	60	60		2008.6.17	170	100		2008.9.12	100	—
	2007.11.26	170	120		2008.6.30	170	100		2008.9.15	100	100
	2008.3.9	170	120		小计	1200	700		2008.9.17	100	—
	小计	400	300						2008.9.19	100	100
									2008.9.21	100	—
									小计	1300	900

各茬蔬菜种植投入的有机肥量如表 2－6 所示。除了 2007 年 11 月 7 日种植香菜时没有使用有机肥料外，其余茬口在种植期间，只施基肥不追肥，常规施肥处理总共投入量为 272.88t/ha，折合氮量达 1.59t/ha。

表 2－6 肥料（养分）投入量（t/ha）

施肥时间	有机肥		折合 N		折合 P_2O_5		折合 K_2O		折合有机质	
	N1	N2	N1	N2	N1	N2	N1	N2	N1	N2
2007.8.31	37.12	74.23	0.42	0.85	0.14	0.28	0.18	0.36	5.11	10.22
2008.3.22	62.65	125.29	0.36	0.71	0.42	0.83	0.09	0.19	6.39	12.78
2008.7.19	36.68	73.36	0.26	0.52	0.24	0.48	0.07	0.14	3.3	6.6
总计	136.44	272.88	1.04	2.08	0.80	1.59	0.35	0.69	14.8	29.6

注：蔬菜茬口与表 2－4 对应。

有机种植对土壤与肥料中的重金属含量有严格的限量标准。

种植区土壤中重金属含量必须严格控制在标准以下，才能获得国内外相关有机种植组织的批准。施用的有机肥也要接受严格的检测，不超过组织相关的标准时才能使用。在试验前对土壤中的重金属含量进行了检测，如表2-7所示，每次使用的有机肥完全符合国家环保总局（部）有机产品认证中心（OFDC）的相关规定，未超过相关的限量标准。在田间试验各茬蔬菜有机种植中，每次施用的有机肥养分充足，氮、磷、钾的含量均较高，如表2-8所示。

表2-7 供试肥料中重金属含量（mg/kg）

检测批次	全镉 Cd	全铬 Cr	全铅 Pb	全汞 Hg	全砷 As	全铜 Cu	全锌 Zn	全镍 Ni
肥料认证标准	5	250	250	5	75	250	500	200
2007.8.31 肥料	4.15	18.2	16.5	0.249	1.57	52.1	132	21.1
2008.3.25 肥料	0.243	37.1	9.21	0.075	1.13	46	279	18
2008.7.19 肥料	0.187	18.4	14.1	0.023	1.2	41.1	262	17.3

表2-8 有机肥中的养分含量（%）

蔬菜茬口	施肥日期（年月日）	水分 H_2O	氮 N	速效磷 P_2O_5	速效钾 K_2O	有机质 SOM
小油菜、香菜	2007.8.31	33.96	3.43	1.14	1.46	41.3
番茄	2008.3.25	40.11	1.71	1.99	0.45	30.6
黄瓜	2008.7.19	64.93	2.13	1.96	0.59	27.0

(6) 田间淋溶试验装置的使用

采用自流式农田地下淋溶收集装置，如图2-2所示，淋溶接收盘的规格为50cm×40cm。收集土层90cm处的土壤淋溶渗漏液。装置在试验开始前2个月提前安装，以便使装置的地下部分与周围土层能紧密结合，消除由于试验装置本身带来的不良影响。

在每次灌溉后72h后收取渗漏液，记录溶液体积。用蒸馏水洗净收集瓶，晾干后重新安装到原来位置，以便收集下一次的渗漏液。在下次灌溉之前检查容量瓶，如有渗漏液则重复上一操作。淋溶液用定量滤纸过滤后，再用0.05mm滤膜过滤，滤液用Flastar 5000 Analyzer型连续流动分析仪测定渗漏液 NO_3^- -N，NH_4^+ -N的含量。

(7) 取样与测定方法

①植株的取样与测定

番茄和黄瓜采摘期间，详细记录各处理小区各次采摘果实的鲜重，最后累积测产；并分别于收获前期、中期和后期，每小区随机采摘5~10kg鲜样，测定果实重量、直径长、纵径长（长度）、含水量。一部分果实样品烘干后磨碎，混合均匀并过0.5mm筛，阴凉干燥处密封保存，用于测定N、P、K全量；另一部分直接送往试验室，测定品质。拉秧后，直接称量小区内所有植株重量，随机取5~7株用于测含水量和N、P、K全量。

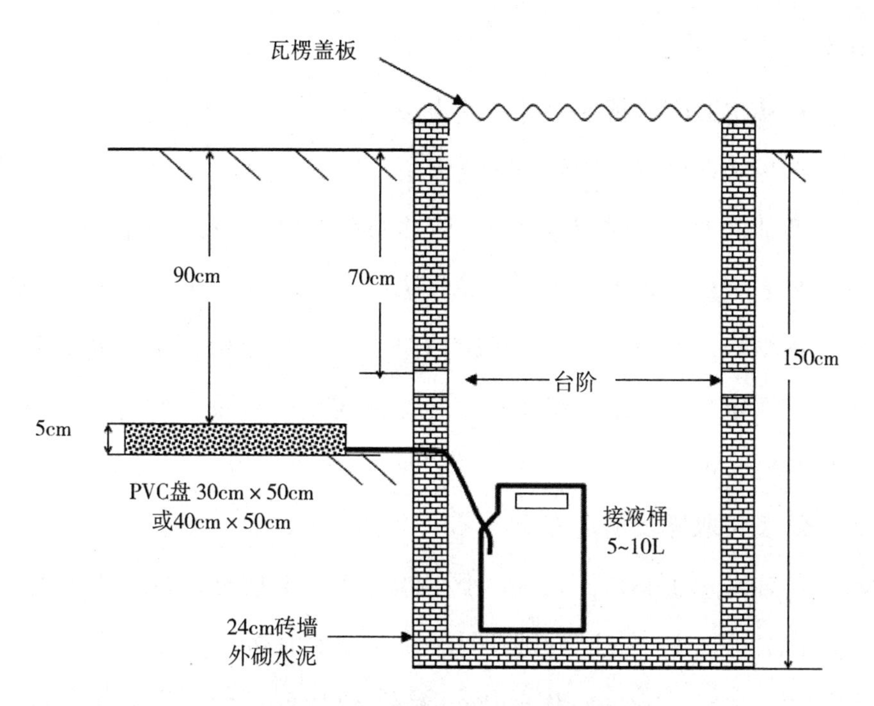

图 2－2　自流式农田地下淋溶收集装置

收获小油菜、香菜时，测定地上部分产量。每小区随机取 5－10kg 鲜样，一部分用于测定含水量和营养品质；另一部分烘干粉碎，并混合均匀，过 0.5 mm 筛，阴凉干燥处密封保存，用于测定 N、P、K 全量。

蔬菜品质的各项指标具体测定方法如下：

硝酸盐含量——紫外分光光度法；

可溶性蛋白——考马斯亮蓝法测定；

还原型维生素 C——2，6－二氯酚靛酚法；

可溶性糖——蒽酮法；

可溶性固形物——阿贝折光仪法测定（国标 GB/T 12295—

1990）；

可滴定酸度含量——标准滴定法；

硝酸盐含量——紫外分光光度法；

番茄红素——固相微萃取－气质联用（GC－MS）分析仪；

果实重金属含量——原子吸收法；

植株N，P，K全量——采用$H_2SO_4-H_2O_2$消煮，半微量凯氏蒸馏法测定全氮含量，钒钼黄比色法测定全磷含量，火焰光度法测定全钾含量。

②土壤取样及测定方法

土样采用土钻法，每个小区内按“S”形取样，每5个点为一个混合样。取土时间分别在每茬作物种植前和收获后。以20cm为一层，分0～20cm，20～40cm和40～60cm三个层度取样；以30cm为一层，分60～90cm，90～120cm，120～150cm，150～180，180～210cm五个层度取样。将取自同一处理区、同一土层的土样于田间混合均匀后，置于预先装有冰块的保温箱中，带回试验室后，立即过2 mm筛，混合均匀后0～4℃冷藏，土样取回后冰冻保存。用于检测土样水分含量、硝态氮含量、铵态氮含量。另一部分土样取回试验室，在室内自然风干后，剔除植物根茎、人为侵入物等杂物后，研磨土样，过0.25mm筛孔后进行测定土壤有机质、全氮、速效钾、速效磷和pH。

用于测量土壤重金属含量的土样，从小区取土到风干保存的整个过程，避免样品与金属类的工具或器皿接触。分别在试验开始前一周内和试验结束后一周内，用硬质塑料铲取表层0～20cm

深的土壤，用细纱布遮掩，避免室内尘土污染，自然风干后，剔除植物根茎、石粒、大砂粒等杂物后，再用木槌捣碎，过0.84mm尼龙筛，然后从中取100g左右在玛瑙研钵上磨细，过0.15mm尼龙筛，装袋保存以待测定。

土壤中蚯蚓数量——采用样方徒手分离法。每个小区随机取三个样点。每一样点取土（长×宽×深）$30 \times 30 \times 30cm^3$置于平展于地表的塑料布上，采用手检法捡取蚯蚓，计数后土样再返回到原采样点。

土壤容重——用环刀法。

有机质——重铬酸钾滴定法，重铬酸钾氧化，蜡浴加热，硫酸铁滴定还原法（Blakemore et al.，1972）。

全氮——用半微量凯氏定氮法，土壤用浓硫酸、高氯酸消煮。

速效钾——用NH_4Ac浸提火焰光度法。

速效磷——用Olsen方法测定。

土壤pH——采用酸度计测定，经过标准溶液定值后则可直接读取土壤溶液的pH。

硝态氮、铵态氮——采用2mol/L KCl溶液浸提法，在每分钟180转下振荡1h，用定量滤纸过滤后，再用0.05mm滤膜过滤，过滤液用Flastar 5000 Analyzer型连续流动分析仪进行测定。

重金属元素（Cu，Ni，Cr，Zn，Pb，Cd，As，Hg）全量分析——采用王水-高氯酸消化，用原子吸收法测定。

2.4 数据处理与分析

数据分析使用 Microsoft Excel（Office XP）程序进行录入和处理。比较作物产量、品质的差异时，采用 SPSS 16.0 软件进行裂区方差分析；进行显著性 F 检验时，用最小显著性差异法（LSD）进行多重比较（$p < 0.05$）。

（1）氮素累积淋洗量计算

生长季土壤氮素累积淋洗量计算公式如下：

$$P = \sum_{i=1}^{n} C_i \times V_i \tag{1}$$

其中，P 为氮淋洗总量；C_i 为第 i 次淋溶液中 $NO_3^- - N$ 和 $NH_4^+ - N$ 浓度之和；V_i 为第 i 次淋溶液的体积。

（2）土壤氮素平衡及利用率等相关计算

氮的表观平衡 = 进入到土壤中的总氮量 - 作物吸收的氮；

土壤氮素矿化量 = 空白区作物吸氮量 + （收获后空白区土壤无机氮量 - 播种前空白区土壤无机氮量）；

有机肥利用率（刘宏斌等，2004）= 施肥区作物产量 × 100/施肥量；

有机肥氮素表观利用率 = （施肥区作物吸氮量 - 对照区作物吸氮量）×100/施氮量；

有机肥氮素表观淋失率 = （施肥区氮淋失量 - 对照区氮淋失量）× 100/施氮量；

氮表观残留量 = 土层厚度（cm） × 土壤容重（$g \cdot cm^{-3}$） × 土层氮含量（mg/kg）/10；

氮盈余量 = 氮的表观平衡 + 土壤氮矿化量 + 试验前土壤氮残留量 - 试验后土壤氮残留量 - 氮淋失量；

有机肥增产率（刘宏斌等，2004） = （施肥区产量 - 对照区产量）/ 有机肥投入量 ×100；

纯利润 = 作物产值 - 有机肥成本 - 其他成本 。

计算时，蔬菜价格按2008年北京的收购价计算，精制有机肥按市场价300 元/t。

第3章

不同水肥配置对有机蔬菜产量和品质的影响

蔬菜产业的快速发展离不开土、肥、水资源的高效利用。在实际生产中，由于缺乏合理的养分管理措施和技术指导，菜农在高产出、高收益的刺激下，往往盲目地大量施肥（尤其是氮肥）。在设施蔬菜种植中，由于复种指数高、种植时间长，养分的投入量远远大于露地蔬菜种植，如山东寿光、河北藁城、北京京郊等地区的设施菜地氮肥投入在1000kg/ ha以上（刘宏斌等，2004；何飞飞，2006；马文奇等，2000；Ju et al.，2006；汤丽玲，2004）。近年来，随着养殖业和有机农业的迅速发展，菜地的有机肥平均投入水平大幅度增加，通过施用有机肥来供应养分（N和P）的比例呈现逐年增加的趋势。目前蔬菜生产中有机肥的氮素和钾素投入比例已经超过了化肥的投入比例（朱兆良，2006）。肥料的不合理使用造成了蔬菜品质下降、环境污染，严重威胁人们的健康。

在有机种植条件下，由于不能正确使用有机肥，蔬菜品质也受到影响。因此，有机蔬菜种植中，在保证农民增产增收的前提下，如何合理地调控水肥、优化管理，提高蔬菜品质已成为一个亟待解决的问题。本节重点通过试验研究，考察目前的有机种植条件下，蔬菜产量和品质状况，以及不同水肥管理对有机蔬菜产量、品质的影响。

3.1 不同水肥配置对蔬菜产量与生物量的影响

3.1.1 不同水肥配置下的蔬菜茬口产量与生物量

在试验的头两茬，即小油菜、香菜的产量在各处理之间相差不大，没有表现出显著性差异。因为试验地是耕种了多年的菜地，土壤的基础肥力充足且分布均匀，足以充分提供小油菜、香菜生长所需的养分，加上小油菜、香菜的生长期短，对养分的要求也不大，因此，施肥量和灌溉差异没有对头两茬产量产生影响。

第三茬番茄的产量与有机肥的投入量有密切的关系，呈现出产量随施肥量的增大而增加的趋势。施肥区与对照区形成了显著性的差异；施肥量减半处理低于常规施肥处理，HN2 与 HN1、LN2 与 LN1 之间的差额分别为 10.3 t/ha 和 5.94 t/ha，但还没有达到显著性的差异（如表 3－1 所示）。灌溉量对产量没有产生明显影响（$p = 0.631 > 0.05$），但减量灌溉下的产量在相同的施肥条件下，小于相应的常规灌溉处理，而且随施肥量的增加，两者之间的差别也从 1.25 t/ha 增大到 5.2 t/ha。

番茄植株的生物量与施肥量也呈现明显的正相关。两种灌溉条件下，CK，N1，N2 之间的差异达到显著水平。灌溉量对植株的生物量影响很小，两种灌溉量条件下，相同施肥处理间的差异最大的是 LCK 与 HCK，为 1.13 t/ha。由此可见，灌溉量的差别对番茄果实的产量和番茄植株的生物量影响不大，而施肥量的不同对产量的影响较大，能显著地影响植株的生物量。

表 3－1　不同处理下蔬菜的经济产量与生物产量（单位：t/ha）

蔬菜名称	HCK	HN2	HN1	LCK	LN2	LN1
小油菜	48.09 ±1.69a	49.91 ±2.23a	49.72 ±2.1a	48.6 ±0.94a	49.77 ±1.69a	48.21 ±0.78a
香菜	32.08 ±1.29a	31.66 ±0.68a	31.62 ±3.98a	31.69 ±1.33a	32.75 ±1.55a	31.29 ±0.43a
番茄	88.86 ±7.1a	117.23 ±8.9b	106.93 ±6.6b	88.7 ±7.22a	111.04 ±5.03b	105.09 ±10.85b
黄瓜	40.5 ±5.66d	65.28 ±2.63a	56.06 ±6.1bc	39.18 ±4.68d	61.41 ±3.62ab	53.49 ±1.2c
番茄植株	31.99 ±0.27c	40.1 ±1.37a	37.21 ±2.65b	30.86 ±0.3c	39.56 ±1.9a	37.3 ±1.04b
黄瓜植株	22.41 ±3.07a	23.2 ±2.11a	22.44 ±4.76a	22.29 ±1.7a	23.09 ±2.59a	22.96 ±3.17a
总产量	209.52 ±11.81d	264.07 ±4.67bc	244.33 ±2.5a	208.16 ±10.54d	254.96 ±1.65c	238.08 ±1.87ab

续表

蔬菜名称	HCK	HN2	HN1	LCK	LN2	LN1
总生物量	261.14 ±11.87c	326.38 ±4.2b	302.76 ±6.5a	258.31 ±11.2c	316.15 ±5.02b	296.67 ±3.01a

注：同行相同字母表示无显著性差异（$p<0.05$）；总产量为小油菜、香菜、番茄、黄瓜产量之和；总生物量为总产量与番茄植株产量、黄瓜植株产量之和。

第四茬黄瓜产量在各处理之间的变化趋势与番茄类似。HN2 和 HN1 之间产量相差为 9.22 t/ha，LN2 和 LN1 之间相差为 8.92 t/ha；随施肥量的增加，产量上的差异达到显著水平。LN2 与 HN1 之间产量相差 5.35t/ha，没有达到显著性差异；HN2 与 LN2 之间产量相差 3.77 t/ha，也没有达到显著性差别，灌溉量差异没有对产量形成显著差异。此外，产生这种结果的原因可能跟黄瓜的收获特点有关，为了卖个好价钱，黄瓜必须在果实生长中期就收获，不能等到黄瓜完全成熟才采摘。这样的收获方式必然对产量有一定的影响。

黄瓜植株的生物量受不同水肥配置处理的影响不明显，6 个处理间差异最大为 2.91 t/ha。因为黄瓜植株的生长期短，从 7 月 20 日播种至 9 月 23 日拉秧，生长期不足 2 个月；而且黄瓜植株对养分的需求量不大，所以不同水肥管理对黄瓜植株的生长没有形成明显影响。

从四茬的蔬菜总产量上看，施肥量对产量的影响非常显著，常规施肥管理下的产量明显高于其他处理，施肥量减半处理也显著高于不施肥处理。在常规灌溉条件下，HN2 与 HN1、HN1 与 HCK 之间的差额为 19.74 t/ha 和 34.81 t/ha，三者间达到显著性差别；在灌溉量减少1/3的条件下，LN2与LN1、LN1与LCK之间的产量差异为16.88 t/ha和29.91 t/ha，三者也达到显著性差别。相同的施肥条件下，不同灌溉量下的蔬菜产量并没有达到显著性差异，HN2与LN2，HN1与LN1，HCK与LCK之间的差额分别为9.11 t/ha、6.25 t/ha、1.36 t/ha。由此可见，施肥量是造成各处理之间产量显著差异的主要因素。从四茬蔬菜的产量上看，由于基础肥力充足，前三茬蔬菜的产量在常规施肥和减半量施肥两种施肥处理下无显著差异，而第四茬黄瓜的产量在两种施肥处理间的差异显著，是造成总产量出现显著差异的一个重要因素。

有机肥施肥量对蔬菜产量的影响也有明显的递减效应，随着施肥量的增加，产量的增长幅度明显下降，在减量灌溉条件下表现尤其明显。灌溉量对蔬菜产量的影响较小，估计这与灌溉量仍然过大有关，试验中最低的灌溉量也超过了华北一带设施蔬菜种植中的常规灌溉量（张福锁等，2006；陈清等，2007），因此，水分的充足供应使常规灌溉与减量灌溉下的产量没有形成很大差异。

3.1.2 有机肥的利用效率和经济效益分析

从有机肥对蔬菜产量的增产率上看（如表3－2所示），第一次施肥期间（2007.9.2—2008.3.25），由于各处理间小油菜、香菜的产量没有多大差别，有机肥的增长率和利用率都很低。第二次施肥期间（2008.3.29—2008.7.18），有机肥的增产效果明显，HN1和LN1相对不施肥处理分别增长了20.34%和18.48%；在

N1 施肥量的基础上，HN2 和 LN2 的增长率没有多大的提升，HN2 相对于 HN1 的增产率为 9.63%，LN2 相对于 LN1 的增长率为 5.66%。第三次施肥期间（2008.7.20—2008.9.29），N1 处理相对不施肥处理，在常规灌溉和减量灌溉处理下增产率分别达到了 38.41% 和 36.54%，而在 N1 处理的基础上，N2 处理的增产率在常规灌溉和减量灌溉处理下的增产率为 16.45% 和 14.81%。综合四茬蔬菜的总产量，增产率的变化与后两次施肥期间的情形相同，与不施肥处理相比，N1（施肥量减半处理）有较高的增产效果，HN1，LN1 的增产率分别为 16.41% 和 14.37%；而在此基础上进一步增大施肥量，增产效果不明显，HN1，LN1 的增产率分别为 8.08% 和 7.09%。以上结果说明，在常规施肥量的基础上减半量施肥有明显的增产效果，常规施肥量处理虽然产量高于减半量施肥处理，但对进一步的增产没有显著的作用。

表 3－2 不同茬口有机肥的利用效率（%）

处理方式	07.9.2—08.3.25（小油菜、香菜）		08.3.29—08.7.18（番茄）		08.7.20—08.9.29（黄瓜）		07.9.2—08.9.29（总计）	
	增产率	有机肥利用率	增产率	有机肥利用率	增产率	有机肥利用率	增产率	有机肥利用率
HCK	—	—	—	—	—	—	—	—
HN1	1.47	3.18	20.34	28.85	38.41	42.41	16.61	25.51
HN2	0.27*	1.89	9.63*	22.65	16.45*	33.77	8.08*	19.99
LCK	—	—	—	—	—	—	—	—
LN1	-0.98	-2.13	18.48	26.16	36.54	39.02	14.37	21.92
LN2	3.79*	3	5.66*	17.83	14.81*	30.31	7.09*	17.15

注：*表示 N2 相对于 N1 的增产率。

从有机肥的利用率上看（如表3－2所示），由于小油菜、香菜的产量在各处理之间差异很小，第一次施肥期间有机肥的利用率普遍很低，在LN1处理下，有机肥甚至没有被利用。随着种植时间的延续，无论是在常规灌溉条件下还是在减量灌溉条件下，有机肥的利用率都呈现出随施肥量的增加而降低的趋势。从整个种植期间的有机肥利用率来看，也是如此。HN1和LN1的有机肥利用率分别为25.51%和21.92%，HN2和LN2的有机肥利用率下降为19.99%和17.15%。另外，有机肥的利用率还体现出一个特点，随施肥次数的增加和种植期的延长，当季有机肥的利用率相比上一季有机肥有明显的提高。三次有机肥使用期间，HN1和HN2的有机肥利用率分别为3.18%，28.85%，42.41%和1.89%，22.65%，33.77%；LN1和LN2的有机肥利用率分别为－2.13%，26.16%，39.02%和3%，17.83%，30.31%。

有机肥的养分释放具有明显的缓释性，在土壤中的矿化需要相当长的一段时间。有研究表明（赵明等，2007；韩晓日等，2007），京郊土壤中有机质的矿化一般在21～91天后释放量达到42%，且释放趋向稳定。由此可以推断，前一季使用的有机肥经过缓慢矿化，养分在土壤累积，能够为当季蔬菜及时提供所需的养分。所以随施肥次数的增加，有机肥的当季利用率逐步提高，不同施肥处理间的蔬菜产量逐渐产生越来越明显的差异。有机肥明显的后效作用同时也表明，过量使用有机肥是一种资源浪费。结合表3－1和3－2可见，不计第一次施肥后的小油菜、香菜的结果（这两茬受基础土壤肥力的影响太大），减半量施肥处理下番茄和黄瓜的有机肥利用率的增产率都高于常规施肥处理。

表3－3　不同茬口有机肥施用的经济效益分析（万元/ha）

处理方式	2007.9.2—2008.3.25（小油菜、香菜）			2008.3.29—2008.7.18（番茄）			2008.7.20—2008.9.29（黄瓜）			2007.9.2—2008.9.29（合计）		
	产值	利润	VCR（%）	产值	利润	VCR（%）	产值	利润	VCR（%）	产值	利润	VCR（%）
HCK	7.22	—	—	13.33	—	—	4.05	—	—	24.59	—	—
HN1	7.23	－1.10	0.01	16.04	0.83	0.96	5.61	0.46	1.41	28.87	0.19	0.82
HN2	7.24	－2.20	0.01	17.58	0.50	0.75	6.53	0.28	1.13	31.36	－1.42	0.65
LCK	7.18	—	—	13.30	—	—	3.92	—	—	24.41	—	—
LN1	7.10	－1.19	－0.07	15.76	0.58	0.87	5.35	0.33	1.3	28.22	－0.28	0.73
LN2	7.40	－2.01	0.1	16.65	－0.41	0.59	6.14	0.02	1.01	30.20	－2.40	0.57

注：利润为因施用有机肥而带来的增产部分－有机肥的成本；有机肥按照北京市周边地区的市场价计，300元/t；灌溉用水成本忽略不计；蔬菜价格按照农场对种植者的收购价计，小油菜0.5元/kg，香菜1.5元/kg，番茄1元/kg，黄瓜1元/kg；VCR：value－cost ratio，即（施肥处理区产值－对照区产值）/使用的有机肥成本。

从经济效益上来看（如表3－3所示），第一、第二茬施用的有机肥几乎没有增产效果，出现严重亏损；常规有机肥施用量下番茄的产量高于减半量施肥处理，但由于有机肥的成本高，常规施肥管理下因施用有机肥而所获的利润不如减半量施肥处理，HN2产生的利润比HN1少3300元/ha，比LN1也少800元/ha，LN2处理甚至出现亏损。第四茬时，有机肥的不同施用量对黄瓜产量产生了显著的影响，然而，增加有机肥的施用量带来的利润并不多，HN2 为 2800 元/ha，LN2 为 200 元/ha；低于减半量施肥条件下的 4600 元/ha（HN1）和 3300 元/ha（LN1）。总的来看，由于第一次施肥期间的效益太低，整个轮作期间因有机肥的施用而产生的利润除 HN1 外，均为亏损。这个结果说明，在有机种植中大量投入有机肥在经济上行不通。但由于农场的有机肥是免费提供种植者使用，因而，在不计肥料成本的前提下，尽量投入肥料获得最大产值成为种植者实际生产中最佳的管理措施。

有机种植中的施肥是为了维持土壤肥力，而不是直接给作物提供养分。养分以有机形态和低溶解性的无机形态施入土壤，通过微生物的分解作用，作物可获得平衡营养（杜相革等，2002）。大部分学者认为（Norton et al.，2009；Hartl，1989；Olesen et al.，2007）有机农业不施入人工合成的肥料往往使养分供应不及时，因此需要在种植前进行土壤培肥，提升土壤养分的持续供应能力。在肥料经济学研究中通常认为（Maynard，1994），当 VCR 值只有大于 2 时，施用化肥才有必要。表 3-3 中，VCR 值均小于 2.0，说明目前菜地的肥力条件不需要使用化肥。表中可以发现，N2 处理的 VCR 值都小于 N1 处理，这与使用有机肥量产生的利润变化趋势相一致，说明有机肥的施用量过大制约经济收入。

结合表 3-1、3-2、3-3 可知，基地农场习惯的常规施肥管理的确是过量了，而在此基础上施肥量减半则可提高有机肥的利用率，虽然在产量上有所下降，但却给种植者带来更多的经济效益。因此，施肥量减半的管理措施在实际生产中有很高的推广和应用价值。减量灌溉不仅对产量下降产生影响，也没有带来明显的经济效益，其根本原因可能与灌溉方式有关。由此看来在不同施肥量下通过改变灌溉方式，在保证蔬菜产量的基础上，如何利用水肥耦合效应，减少肥料投入，节约用水是值得进一步研究的问题。

3.2 不同水肥配置对蔬菜 VC 含量的影响

维生素 C（VC）是人体不可缺少的营养物质。维生素 C 在防病治病、维持人体健康，甚至在人体整个生命过程中都起着重要的作用。维生素 C 能预防和治疗维生素 C 缺乏病和防癌作用；与人体内许多激素及其他维生素的生成与代谢有着密切的关系。此外，还能解毒保肝，预防冠心病，促进伤口愈合，治疗风湿性关节炎及贫血等。人体内的 VC 主要来源于日常食用的蔬菜中，因此 VC 也成为衡量蔬菜品质的一项主要指标（刘杏认，2003）。

瓜果类蔬菜的 VC 含量一般都高于叶菜类，随种植年限的增长，不同有机肥施用量对蔬菜中 VC 含量的影响逐渐表现得越来越明显。灌溉量的差别对蔬菜 VC 含量的影响不明显，不同的蔬菜种类中 VC 含量受灌溉量的影响也不同，如表 3-4 所示。

小油菜、香菜、番茄的 VC 含量在各处理间均没有达到显著性差别。小油菜和香菜的 VC 含量在各处理之间差异很小，处理间的最大差异不超过 5mg/kg；在相同的灌溉条件下，番茄的 VC 含量呈现出随施肥量的增加而提高的趋势，N2 > N1 > CK；在相同的施肥条件下，除 HCK 大于 LCK 外，施肥处理下的结果都是减量灌溉大于常规灌溉处理。

黄瓜的 VC 含量明显受施肥量的影响，在相同的灌溉条件下，CK，N1，N2 三种不同施肥量处理下的结果均存在显著性差异；在两种灌溉条件下，N2，N1 与 CK 之间的差异都超过 30 mg/kg。而在相同的施肥条件下，减量灌溉处理的 VC 含量高出常规灌溉处理下 13.9 ~ 16 mg/kg，但两者之间的差异没有达到显著性水平。

表 3-4　不同水肥处理对蔬菜中 VC 含量的影响（单位：mg/kg）

处理	小油菜	香菜	番茄	黄瓜
HCK	24.1 ±8.66 a	19.62 ±6.42 a	101.25 ±2.31 a	62.4 ±2.35 c
LCK	23.6 ±4.67 a	22.52 ±8.83 a	94.17 ±15.23 a	79.1 ±11.93 c
HN1	22.9 ±3.50 a	18.34 ±5.64 a	103.63 ±4.66 a	97.1 ±5.96 b
LN1	23.8 ±2.01 a	19.57 ±4.36 a	111.39 ±6.58 a	111 ±5.88 b
HN2	21.4 ±10.02 a	20.11 ±4.56 a	112.41 ±3.98 a	132 ±6.34 a
LN2	23.2 ±6.11 a	18.33 ±2.56 a	114.26 ±7.14 a	146 ±5.67 a

注：同列的不同字母表示存在显著性差别（LSD，$p<0.05$）

一般认为，增施氮肥会降低很多蔬菜的 VC 含量，但也有报道证明氮肥用量对蔬菜 VC 含量没有影响，甚至会增加 VC 含量（Mondy et al.，1984；Mozafar，1993；Sorensen，1993）。有研究进一步认为（Takebe et al.，1992；Sorensen et al.，1994），VC 含量可能在最佳施氮量范围以内随施氮量的增加而增加，超过最佳施氮量后便随施氮量的增加而降低。王荣萍等（2007）在试验中以一定量分别施用尿素、硫酸铵、氯化铵、硝酸铵等，结果均使小白菜中 VC 含量高于对照。而大量研究则表明（胡承孝等，1996；Mozafar et al. ，1996），使用氮肥大大降低了蔬菜中的 VC 含量，且 VC 含量与施氮量呈负相关关系。这可能是因为其施氮水平处于最佳施氮量以上，过多的氮素投入降低了 VC 含量。也有研究表明（Wunderlich et al. ，2008），施氮量不管是过多还是过少，都不利于 VC 含量的增加。

而有研究认为（赵凤艳等，2001），增施氮肥对 VC 含量的贡献不大，没有产生显著性差异。其实氮肥用量与蔬菜 VC 含量的关系，不仅与所采用的施氮水平密切相关，还与氮肥品种、蔬菜种类、土壤条件、栽培方式等有关，它们都在一定程度上使施氮量和 VC 含量的关系表现出差异。不同形态的氮素对蔬菜 VC 含量的影响也不同，例如，有机肥（鸡粪）的施用量增加对提高蔬菜的 VC 含量是有益的，但尿素的结果却相反（邹国元等，2002）。张屹东等（2001）的试验认为，黄瓜上使用有机肥，VC 含量比化肥对照组提高 14.3%。与硝态氮相比，铵态氮会明显降低蔬菜 VC 含量（苏华等，2005）。铵态氮的这种抑制作用是由伴随 NH_4^+ 的阴离子的特性决定的，如 SO_4^{2-}，Cl^-，HPO_4^{2-} 等离子的存在能显著抑制 VC 合成，而 HCO_3^-，NO_3^- 等离子对 VC 的合成没有影响（汤丽玲等，2002）。张春兰等（1990）通过水培试验研究发现，铵态氮比例高有利于蔬菜 VC 含量的提高。杨月英等（2003）发现随着铵态氮或酰胺态氮比例的提高，番茄中 VC 含量也上升。但是也有研究得到相反结果，莴笋的 VC 含量在以 NO_3^-

$-N$ 为氮源时最高，硝铵比例下降时，VC 含量也下降，NH_4^+-N 不利于 VC 的合成（李会合等，2007）。

另外，有研究证明，与化肥相比，施用有机肥更有利于增加蔬菜中的 VC 含量，有机肥的施用量越高，蔬菜中 VC 含量也越高（张辉等，2002；张文君等，2005；李松龄，2006）。本研究中茄果类蔬菜的 VC 检测结果也支持这一结论，如图 3-1 所示，虽然番茄中的 VC 含量受有机肥施肥量的影响尚未到达显著性差异，但也呈现出明显的正相关趋势；而黄瓜中 VC 含量明显受到施肥量的影响，随施肥量的增加，VC 含量也出现显著差别。这可能是因为有机肥能提供蔬菜均衡的营养，也能有效保持和改善土壤条件等因素有关，因而更有利于蔬菜生长和体内 VC 的提高。

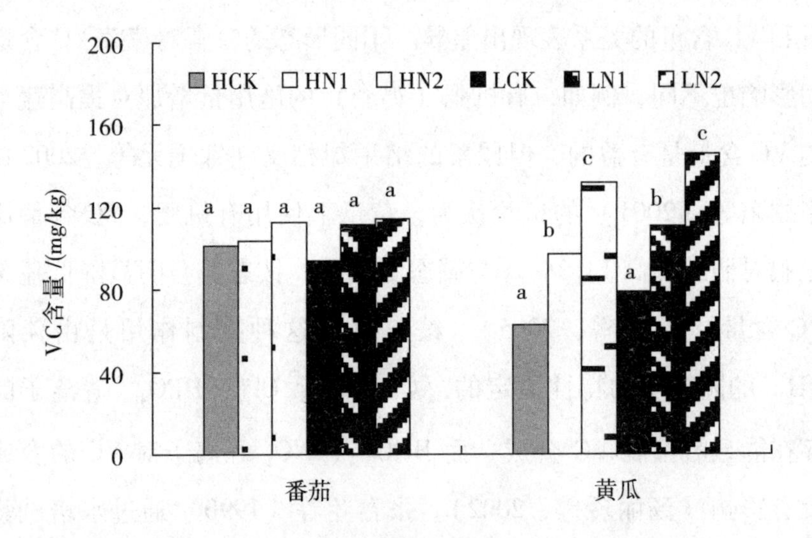

图 3-1 不同水肥处理对黄瓜和番茄中 VC 含量的影响

3.3 不同水肥配置对蔬菜硝酸盐含量的影响

蔬菜富集硝酸盐是一种自然现象，蔬菜中过量积累硝酸盐虽无害于植物本身，却危害人体健康。人体摄入的硝酸盐有81.2%来自蔬菜，硝酸盐在胃中容易转化成亚硝酸，形成具有强烈致癌作用的亚硝酸铵（Khoshgoftarmanesh et al.，2009；Du et al.，2007）。因此，蔬菜食用部分的硝酸盐含量是衡量蔬菜卫生质量状况的一个重要的指标（赵冰，2003）。世界卫生组织（WTO）和联合国粮农组织（FAO）制定了食品硝酸盐的限量标准（ADI），蔬菜可食部分中硝酸盐含量的卫生标准为432 mg/kg（鲜样）（Paoletti et al.，1989），有机生产模式的蔬菜硝酸盐含量低于785mg/kg。由于我国没有统一的有机蔬菜硝酸盐限量标准，故本研究仅以GB19338—2003蔬菜中硝酸盐限量为评价依据。

叶菜类蔬菜是极易附集硝酸盐的作物，小油菜、香菜的硝酸盐含量均大大超过国家限量标准（如表3-5所示）。在这两种叶菜中，常规施肥处理的硝酸盐含量超过标准2000 mg/kg以上，减半量施肥处理也超标1300～1600mg/kg，不施肥处理下小油菜和香菜的硝酸盐含量与减半量施肥处理相似。这个结果与菜地长期大量施肥，土壤中无机氮的含量（见表2-1）比较高有关。各处理下小油菜硝酸盐含量最低的是HN1，比最高的LN2低830mg/kg，且与LN2，HN2有显著性差异；香菜硝酸盐含量最低的是

LN1，比含量最高的LN2 低738 mg/kg，且与HN2，LN2 形成显著差别；而不施肥处理与常规施肥处理之间的差异没有达到显著性水平。说明，通过减量施肥，可以降低小油菜和香菜中硝酸盐累积。

表3－5 不同水肥处理对蔬菜硝酸盐含量的影响（单位：mg/kg）

处理	小油菜	香菜	番茄	黄瓜
HCK	4745 ±157 abc	5034 ±65 a	530. 82 ±44. 01 b	296 ±11. 14 d
HN1	4335 ±112 c	4683 ±169 b	475. 28 ±25. 96 c	316. 8 ±5. 21 bc
HN2	5053 ±127 ab	5152 ±127 a	525. 13 ±25. 42 b	306. 9 ±5. 57 cd
LCK	4415 ±87 c	5201 ±162 a	541. 75 ±20. 35 b	324. 6 ±5. 85 b
LN1	4626 ±573 bc	4567 ±199 b	552. 86 ±24. 86 b	343. 93 ±10. 69 a
LN2	5165 ±88 a	5305 ±112 a	636. 17 ±34. 63 a	344. 26 ±11. 39 a
限量标准	3000	3000	440	440

注：同列的不同字母表示同列间显著性差异；国家限量标准采用GB19338—2003

第三茬番茄的硝酸盐含量也都超标，尤其是硝酸盐含量最大的LN2 处理，高达636. 17 mg/kg，超过标准的196. 17mg/kg，与其他各处理有显著性差别。硝酸盐含量最低的HN1 为475. 28mg/kg，超过标准 35. 25 mg/kg，与其他各处理也形成显著性差别。在相同的施肥处理下，常规灌溉处理下番茄的硝酸盐含量较减量灌溉处理低。

黄瓜的硝酸盐含量均没有超标。硝酸盐含量最低的是 HCK，为 296mg/kg；最高的为 LN2，为 344.26 mg/kg。灌溉量的不同明显影响了硝酸盐在黄瓜中的累积。对在相同的施肥条件下，常规灌溉处理下的硝酸盐含量明显低于减量灌溉处理，差异达到了显著性水平。这说明增加灌溉量可以降低黄瓜的硝酸盐累积。施肥量对黄瓜的硝酸盐累积影响不大，在相同的灌溉条件下，减半量施肥处理与常规施肥处理下黄瓜中硝酸盐含量的差别不大，但两种施肥量处理均与不施肥处理存在着显著性差别。黄瓜的收获方式对黄瓜中硝酸盐累积也有重要影响，黄瓜果实采摘早，尚未完全成熟，硝酸盐的累积也就较少。

蔬菜中硝酸盐含量与许多因素有关，如蔬菜品种、生长期、温度、光照、种植制度等。大量的研究表明，施肥、灌溉、土壤肥力水平等对蔬菜硝酸盐含量均有直接影响（李元芳，2001；杨玉娟等，2001）。蔬菜的硝酸盐含量因种类和品种而异，一般来说，蔬菜中硝酸盐累积由强到弱的规律是：根菜类、薯芋类、绿叶菜类、白菜类、葱蒜类、豆类、瓜类、茄果类，硝酸盐含量相差可达数十倍（Walters et al.，1986；沈明珠等，1982）。

许多研究表明，氮肥的施用量与蔬菜内硝酸盐含量呈显著或极显著正相关；除品种因素外，植物积累硝酸盐的根本原因在于其吸收量超过还原同化量。周艺敏等（1989）研究指出，大白菜适宜的尿素施量为 450 ~ 600kg/ha，以不超过 600kg/ha 为限量标准。任祖淦等（1999）报道，蔬菜中硝酸盐累积可因氮素化肥用量提高而呈明显增加，并提出 300kg/ha 为氮肥用量的临界值。

施用适量有机肥，蔬菜组织内硝酸盐含量较低。等氮量试验表明，芹菜体内硝酸盐含量不施肥处理为442 mg/kg，施有机肥处理为744 mg/kg，施化肥处理为1480mg/kg（谢永利，2008）。但过量施用有机肥，也能导致蔬菜硝酸盐含量增加。在本试验中，叶菜类的常规施肥量折合氮量为850kg/ha，而且试验前土壤的无机氮含量很高，因此，小油菜和香菜的硝酸盐含量也很高。而小油菜、香菜和番茄的试验结果也表明，控制施肥量可以降低蔬菜中的硝酸盐累积。

磷素可以促进氮的吸收和同化，磷肥影响蔬菜生长和硝态氮的吸收与还原转化。高祖明等（1986）报道，缺磷比增氮更易引起叶菜组织内硝酸盐的积累。王朝辉等（1998）认为，磷对作物氮素代谢的影响具有双重性，磷既影响作物对硝态氮的吸收，也影响作物生长发育。磷不足，不仅抑制作物生长发育，也减少对硝态氮的吸收，从而降低硝态氮的积累；磷充足时，既能促进硝酸盐还原同化，也增强作物对硝态氮的吸收，因而提高作物硝态氮含量。本研究中，有机肥的磷含量较高，土壤中的有效磷含量也较高（见表2-1，2-8）。氮磷的充足供应也可能是引起硝酸盐含量偏高的一个原因。

3.4 不同水肥配置对黄瓜、番茄口感品质的影响

茄果类、瓜果类蔬菜中可溶性固形物、糖酸比、可溶性蛋白

等对口感有明显的影响，是衡量蔬菜品质的重要指标（吕家龙等，1992；霍建勇，2005）。本小节以番茄和黄瓜为研究对象，从可溶性固形物、可溶性糖和酸、可溶性蛋白等方面探讨不同水肥管理条件对蔬菜口感品质的影响。

3.4.1　可溶性固形物

可溶性固形物指蔬菜、水果的汁液中能溶于水的糖、酸、维生素、矿物质等，是判断果实成熟度和口感的一项重要理化指标。茄果类、瓜果类蔬菜的可溶性固形物一般在2%～6%之间（赵怀勇等，2007）。

由图3－2可知，各处理间黄瓜的可溶性固形物含量没有显著性差别。这可能与黄瓜的采摘方式有关，为了图个好价格和好销路，黄瓜必须在其未完全成熟时收获。而此时黄瓜的可溶性固形物含量都比较高，含量均在4%左右，不同水肥处理方式没有对结果形成明显影响。不同水肥处理下番茄的可溶性固形物含量也较高，在4%～5%之间，各处理间也没有达到显著性差异。无论是常规灌溉还是减量灌溉，黄瓜和番茄的结果都呈现CK低于N1和N2处理，N2较N1也稍低。可见，施肥能提高番茄、黄瓜的可溶性固形物含量，但过量施肥反而会降低番茄、黄瓜的可溶性固形物含量。

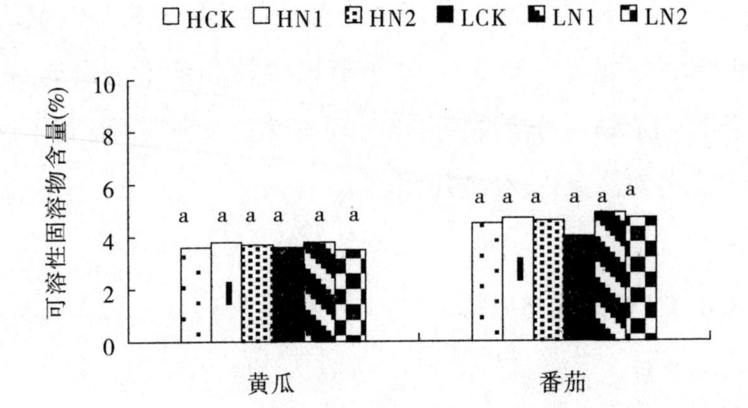

图3-2 不同水肥处理中黄瓜、番茄的可溶性固形物含量

3.4.2 可溶性蛋白

植物体内的可溶性蛋白质大多数是参与各种代谢的酶类，测其含量是了解植物体总代谢的一个重要指标。瓜果类蔬菜可溶性蛋白含量的高低不仅能够衡量蔬菜的成熟程度，还影响蔬菜的口感，而且可溶性蛋白十分利于人体吸收，因此，可溶性蛋白也是一项重要的营养和口感指标（蔡东联等，2009）。

不同处理间黄瓜的可溶性蛋白含量都在1mg/g左右，相差不大，如图3-3所示。施肥处理条件下，番茄中可溶性蛋白含量受灌溉量的影响较大，HN1，HN2的可溶性蛋白含量大于LN1，LN2处理，并与其他处理形成了显著性差异；而不施肥条件下，灌溉量对可溶性蛋白则没有明显影响，并且HCK，LCK与LN1，LN2的差别不大。在相同的灌溉条件下，N1与N2处理间的差别也不大。这个结果说明，施肥量的不同没有明显影响黄瓜和番茄果实中可溶性蛋白含量；只有在施肥的基础上配合提高灌溉量，才能有效提高番茄的可溶性蛋白含量。

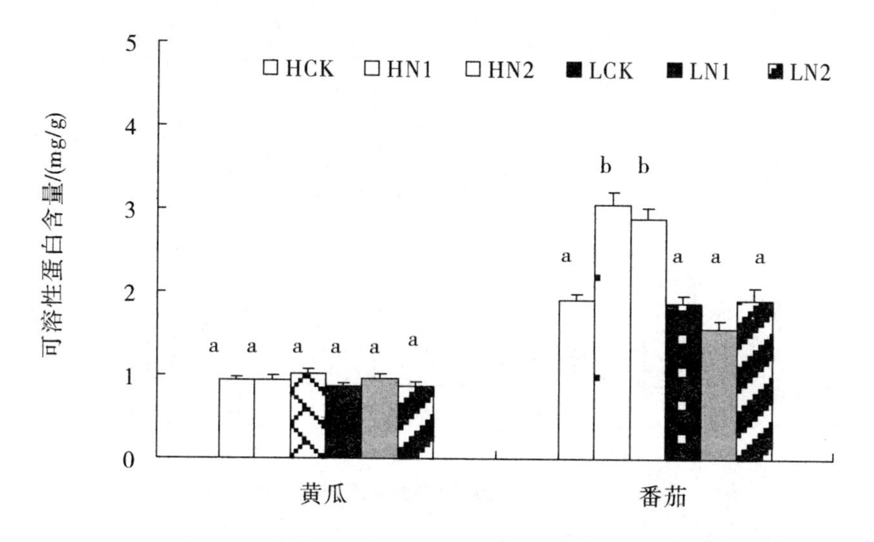

图3－3　不同水肥处理中黄瓜、番茄的可溶性蛋白含量

3.4.3　糖酸比

蔬菜、水果中可被人直接感觉到甜味的最重要成分是可溶性糖，可被人直接感觉到酸味的最重要成分为可滴定酸，两者的比值简称糖酸比。一般认为糖酸比与果实风味密切相关，因此通常是评判蔬菜、水果风味和口感的一个主要指标。另外，糖酸比对果实的储存、运输影响也很大。

由图3－4和表3－6可知，黄瓜可溶性糖含量都在2%左右，受不同水肥处理的影响很小。番茄的可溶性糖含量在4.52%～

5.39%之间，各处理区之间没有显著性差别。但常规灌溉和减量灌溉条件下，黄瓜和番茄在N2处理下的可溶性糖都低于N1处理，可见，过量施肥使番茄、黄瓜中可溶性糖含量降低。

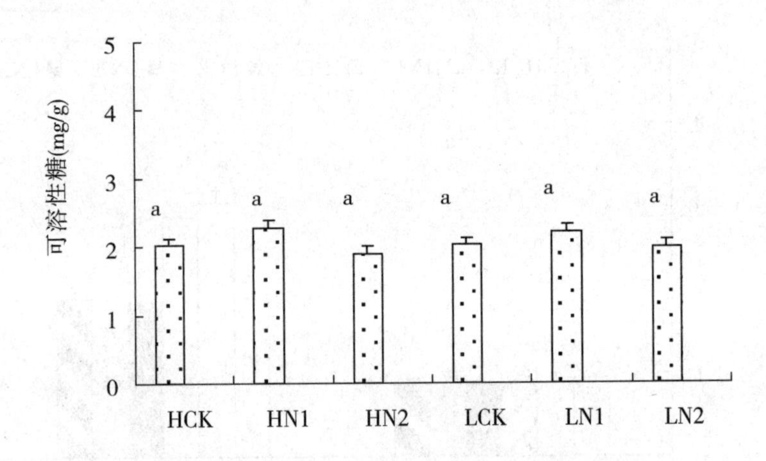

图3-4 不同水肥处理中黄瓜的可溶性糖含量

表3-6 不同水肥处理下番茄的糖酸比变化

处理	可溶性糖	可滴定酸度	糖酸比
HCK	4.84 ±0.26 a	0.38 ±0.02b	7.81b
HN1	5.15 ±0.41 a	0.31 ±0.04b	8.20a
HN2	4.72 ±0.18 a	0.36 ±0.06c	6.55c
LCK	4.89 ±0.12 a	0.43 ±0.04a	7.70b
LN1	5.07 ±0.10 a	0.33 ±0.03b	8.10a
LN2	4.96 ±0.36 a	0.38 ±0.07c	6.65c

从番茄的糖酸比值上看，糖酸比值最大的为HN1，达8.2，其次是LN1，为8.1；LN2与HN2的糖酸比最低，分别为6.65和6.55。在相同的灌溉条件下，CK，N1，N2三种不同施肥量之间番茄糖酸比存在显著性差别。而在相同的施肥条件下，减量灌溉

处理下的糖酸比稍低于常规灌溉处理。计算结果可以看出，适量有机肥可以提高番茄果实的糖酸比，过量施肥会降低了番茄果实的糖酸比，施肥量不同可以显著影响番茄糖酸比值。糖酸比相差1%的果实，其食味就有显著差异（李红丽，2007）。依照这个标准，可以推断，常规施肥处理下的番茄风味和口感明显不同于减半施肥量处理。

有研究认为（刘春香等，2003），番茄果实风味的差异主要是由于糖类和酸类物质的变化，而以柠檬酸和果糖起的作用最大。本试验中，番茄的可溶性糖在各处理间的变化不明显，糖酸比值的显著差异主要是由酸味物质含量差异而引起的。良好的风味，必须在较高的含糖量基础上有合适的糖酸比。酸度过大，不易被人接受；但糖含量高，酸度过低，味单而淡，缺乏甜酸适度的口味；糖酸均过低，即使有合适的糖酸比，也会令人感到淡而无味。有研究认为（Bialczyk，1996），番茄合适的糖酸比为6.8～10。以此为参照的话，可以认为，本试验中的不施肥处理与施肥减半量处理下的番茄口感较常规施肥处理下的更适口。

3.5 不同水肥配置对番茄中番茄红素含量的影响

番茄红素是植物果实和蔬菜中天然存在的一种类胡萝卜素。类胡萝卜素类物质都是人体内重要的抗氧化剂，属于保健性质的营养成分。番茄红素对口腔癌、肺癌、前列腺癌、结肠癌、喉癌和食道癌有明显的抑制作用；可降低血浆中胆固醇含量，提高男子精子的质量且没有任何副作用（邱伟芬等，2005；王彦杰等，2007）。目前在国际上，番茄红素被公认为是一种抗癌和防癌的膳食补充剂，备受人们关注，国际需求量日益增加（Javanmardi et al.，2006）。番茄红素在许多欧美发达国家已成为衡量有色类蔬菜品质的重要指标（Osterlie et al.，2005）。

由图3－5可知，有机肥的不同施用量对番茄红素的含量变化有很大影响。在相同的灌溉条件下，施肥量减半处理条件下番茄红素含量最高，与各自的对照处理相比，HN1 和 LN1 分别高出51.4%和49.1%；常规施肥处理也高于不施肥处理，HN2 与 LN2 相对于各自的对照处理分别高出 18.6% 和 17.5%，但与相应的 N1 处理相比则有所下降，HN2，LN2 分别比 HN1，LN1 下降27.6%和27%；而且 CK，N1，N2 三种施肥量之间都有显著性的区别。在相同的施肥条件下，常规灌溉量处理下番茄红素含量稍低于减量灌溉处理，CK，N1，N2 在两种灌溉条件下的差别分别为6.4%，4.8%，5.4%，差异不明显。由此可知，施用有机肥能够明显提高番茄中番茄红素的含量，但随施肥量的增加，番茄红素的含量则显著下降。

国内外有关番茄红素的研究大多集中在医疗和工业提取两方面上，栽培对有色蔬菜中番茄红素的影响研究不多。Rao 等（1998）认为，番茄红素形成主要与温度和光有关，增强黄光、红光照射时间，番茄红素含量较高。Goula 等（2005）认为，番茄灌浆期间的水分供应对番茄红素的含量有明显影响，控制灌溉量、保持适当的干旱有利于番茄红素的生成。任彦等（2006）在营养液栽培条件下的试验结果表明，随着营养液中钾离子浓度的提高，叶片和果实中钾含量呈线性增加，且不同品种表现趋势一致。本试验使用的有机肥含钾量较高，土壤中有效钾的含量也很高，施肥确实有助于提高番茄红素含量，但随施肥量的进一步增加，番茄红素含量却明显下降，而且，灌溉量的不同也没有对番茄红素造成显著影响。由此可见，光照、温度、土壤养分、成熟程度等许多环境因子都会影响番茄红素的生物合成以及在番茄果实中的含量。

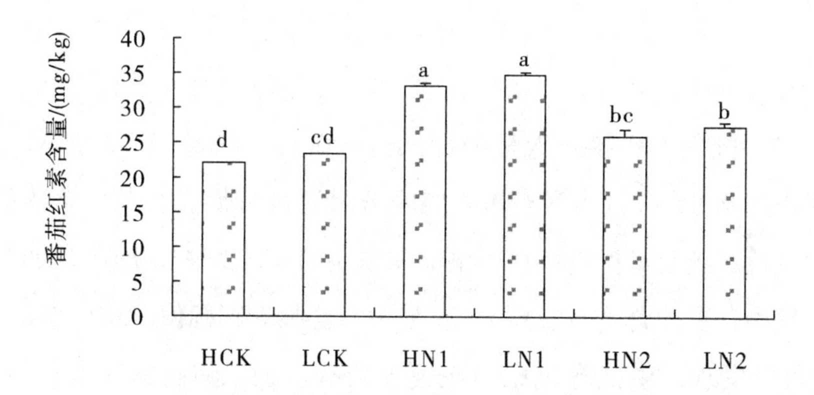

图3-5　不同水肥处理下番茄中茄红素含量的变化（mg/kg）

3.6　不同水肥配置对番茄、黄瓜中重金属含量的影响

重金属污染是食品安全中备受人们关注的焦点。各国有机种植中都对蔬菜中重金属含量有明确的限量标准，本小节以我国的

OFDC认证标准作为参照，对番茄、黄瓜的试验结果进行探讨。

在本试验中，对黄瓜、番茄的可食部分中重金属含量分别进行检测，结果如表3－7所示。在各处理区的番茄果实中，镉、锌的含量均已超过标准。不同的水肥管理对镉、锌的累积有较明显的影响，常规灌溉下各处理大于减量灌溉下相应的各处理；在相同的灌溉条件下，施肥量的增加对镉、锌在番茄果实中的累积有促进作用。在常规灌溉下，锌在CK，N1，N2处理中分别为15.3，20.3，23.1 mg/kg，镉为0.107，0.131，0.148 mg/kg；减量灌溉下，锌在CK，N1，N2处理中分别为14.3，17.8，18 mg/kg，镉为0.102，0.116，0.135 mg/kg。铬在番茄中的累积与有机肥投入量也有密切的关系，N2处理下，番茄中铬含量超过标准，在LN1处理下也接近限量的标准值。而且，LN2 > HN2，LN1 > HN1，说明在投入大量有机肥时降低灌溉量有促进番茄中铬累积的风险。施肥对促进番茄中铜的累积也有明显影响，施肥的四个处理中，铜的含量明显高于CK处理，已临近超标值。结合表2－7可以发现，供试有机肥与土壤中的锌、镉、铬、铜含量较高，可能是造成超标或临近超标的一个重要因素，另一方面，番茄对锌、铬、镉、铜的吸收可能有富集作用。

表3－7　不同水肥配置下番茄的重金属含量（mg/kg）

处理方式	砷 As	汞 Hg	铅 Pb	镉 Cd	铬 Ar	镍 Ni	铜 Cu	锌 Zn
HCK	0.029	0.002	0.04	0.107	0.341	0.038	6.81	15.3
HN1	0.035	0.007	0.061	0.131	0.331	0.052	8.2	20.3

续表

处理方式	砷 As	汞 Hg	铅 Pb	镉 Cd	铬 Ar	镍 Ni	铜 Cu	锌 Zn
HN2	0.034	0.008	0.147	0.148	0.647	0.076	8.64	23.1
LCK	0.01	0.006	0.034	0.102	0.279	0.046	5.93	14.3
LN1	0.013	0.003	0.033	0.116	0.455	0.063	8.69	17.8
LN2	0.024	0.009	0.057	0.135	0.845	0.097	9.61	18
限量标准	0.5	0.01	0.2	0.05	0.5	0.5	10	10

注：重金属的限量标准来自OFDC认证标准。

黄瓜中重金属的累积量很小（如表3-8所示），除了汞外，其他重金属含量均未超过标准。在常规灌溉条件下，不同施肥量的三个处理中，黄瓜中汞的累积都稍稍超过了限量标准。估计提高灌溉量对黄瓜吸收汞有促进作用。

有大量研究证实（Rodríguez，2009；Valcho；1996），所有的重金属元素都可以通过植物的根部从土壤中吸收，有些元素还可以通过叶片从空气中吸收，如Lindberg等（1979）研究发现植物叶片的汞含量比其他组织高，从而认为植物主要是通过叶片从大气中吸收汞。已经对叶菜类、根菜类、果菜类等多种蔬菜的重金属含量检测表明（江解增等，2006；李海华等，2006），不同的蔬菜种类或品种以及蔬菜的不同部位对各种重金属的吸收存在较大的差异，一般来说吸收趋势呈现为：根茎类、叶菜类大于果菜类；根、茎、叶大于果实。许多研究结果进一步证实（Nahmani，2002；周启星等，2006），土壤中重金属的含量与蔬菜重金属含量有显著的正相关性，而施肥，特别是施用有机肥是引发土壤重金属污染的最主要因素之一。由此可见，由于有机肥中含有重金属，过多投入有机肥导致部分重金属在作物中累积，通过农作物根部吸收产生富集和放大，使农产品中重金属含量增加，并通过食物链危及人和动物的安全。虽然本试验每次施用的有机肥都达到有机种植肥料使用的相关要求，但有机肥的施用量较大，造成土壤中重金属含量相对较高，从而促进了蔬菜中重金属的累积；而且番茄对某些重金属（如锌）可能有富集吸收作用，也是引起部分重金属（如锌）含量超标的原因。

表 3-8 不同水肥配置下黄瓜的重金属累积

处理方式	砷 As	汞 Hg	铅 Pb	镉 Cd	铬 Ar	镍 Ni	铜 Cu	锌 Zn
HCK	0.03	0.018	0.019	0.002	0.095	0.013	0.55	1.57
HN1	0.027	0.025	0.015	0.002	0.098	0.024	0.426	1.29
HN2	0.04	0.012	0.026	0.002	0.122	0.016	0.378	1.99
LCK	0.001	0.001	0.019	0.002	0.072	0.014	0.49	1.31
LN1	0.029	0.008	0.012	0.002	0.104	0.016	0.428	2.22
LN2	0.038	0.006	0.038	0.002	0.087	0.019	0.427	1.95
限量标准	0.5	0.01	0.2	0.05	0.5	0.5	10	10

注：重金属的限量标准来自 OFDC 认证标准。

3.7 小结

（1）在小油菜－香菜－番茄－黄瓜轮作体系中，不同水肥管理下小油菜、香菜的产量没有明显差别；不同灌溉条件下，常规施肥管理比施肥量减半管理下的番茄产量稍高，但差异未达到显著性水平；两种灌溉量下，不同施肥量处理对黄瓜的产量有显著影响，从而也显著影响四茬蔬菜的总产量。有机肥的不同施用量随种植年限的延长而逐步影响蔬菜的产量，常规施肥处理相对于减半量施肥处理的产量优势随试验的进行而越发明显，但有机肥的利用率以及增产效果不如减半量施肥处理高。由于有机肥的成本较高，常规施肥处理下的肥料成本远远高于施肥量减半处理，导致所获的经济效益不如后者。试验证明，常规施肥处理的有机肥施用量不合理，投入的有机肥过多，在常规施肥管理的基础上减半施肥量是可行的。

（2）本研究中，在施肥量减半的管理下，可溶性蛋白、番茄红素含量、可溶性糖类含量、可溶性固形物、糖酸比都优于常规施肥组合。番茄红素含量是重要的保健型、功能型营养成分；可溶性糖、糖酸比对番茄、黄瓜的口感和风味有重要影响，因此，从蔬菜的总体品质上来说，施肥量减半处理下蔬菜的营养品质和口感优于常规施肥处理。

（3）在本试验中，小油菜、香菜中的硝酸盐含量均严重超标；而通过水肥调控，如 HN1 处理，成功地抑制了番茄中的硝酸盐累积；也可通过提前采摘的方式，减少硝酸盐的累积，如黄瓜。土壤中较高硝态氮和铵态氮的含量是造成蔬菜硝酸盐含量超标的主要原因，大棚环境、通风条件和光照也可能对蔬菜的硝酸盐累积有一定影响。

（4）施用有机肥对番茄中重金属含量有一定的影响。八种重金属在番茄中的累积，无论是否超标，都呈现出随施肥量的增加而上升的趋势。黄瓜中也体现出这样的趋势，但没有番茄明显。在有机肥和土壤中重金属含量都符合有机种植标准条件下，番茄和黄瓜中部分重金属含量超标可能与作物本身对某些重金属的吸附能力有关。

（5）在本研究中，减少灌溉量对小油菜、香菜、番茄、黄瓜品质和产量的影响没有降低施肥量的影响显著，原因可能是试验中的灌溉量过大，即使是减量灌溉处理，叶菜类也高达 300mm/茬，茄果类高达 700mm/茬，都能满足作物正常生长所需。本试验中减量灌溉也远远超过华北其他地区种植蔬菜的灌溉量（一般不超过 600mm）。因此，只有改变灌溉方式，采用滴灌、膜下畦间灌溉的方式，才能有效地节约用水量。然而，在进一步降低灌溉量的情况下如何保证番茄较高的品质，还需要进一步的研究。

第4章

不同水肥配置条件下水分和养分供应特点

大量使用有机肥是我国蔬菜生产中的重要特征，随着无公害蔬菜和有机蔬菜的迅速发展，有机肥在蔬菜种植中所占的比例越来越大。据统计，目前蔬菜生产中有机肥中的氮素和钾素投入比例已经超过了化肥的投入比例（朱兆良等，2006）。尽管有机种植要求所有肥料应对作物和环境无害，而且这些肥料应以来自有机农场体系为主，有机肥的施用不能过量。但是由于各地区的种植方式不同，对有机肥使用量采取因地制宜的管理，对施肥量没有明确的限制标准。在高投入高收益的刺激下，大量的施肥成为种植者普遍的首选管理措施。长期过量使用有机肥改变了菜地土壤中各养分的比例，所带来的如养分过量累积、资源浪费等负面效应也受到人们的密切关注。

作物生产系统很大程度上依赖于养分循环过程，土壤肥力是决定该系统生产力的一个重要因素（Drinkwater et al.，1998；Rasmussen et al.，1998）。在不同的耕作条件下，土壤肥力是土壤中各种养分不断变化的动态综合指标，往往表现为土壤养分及与水分供应相关的土壤物理、化学和生物特性的变化，在空间和时间上揭示这些变化是增进农业可持续发展与培育地力的重要基础(Mäder et al. , 2002)。有机肥具有明显的全效型和后效型，能有效地、长期地对土壤中各种养分产生影响。但目前国内蔬菜种植中养分管理研究主要集中在施用化肥上，对如何管理有机肥鲜见报道。本研究针对有机肥和灌溉量的不同配合管理，研究土壤－肥料－作物系统中的养分变化动态与去向，为解决有机种植中养分供应特点提供相应的技术支持。

4.1 不同水肥配置下土壤水分的动态变化

蔬菜是需水量大的作物，蔬菜产品柔嫩多汁，含水量大多在90%以上，因此，水分对蔬菜的生理、生长起着重要的作用。蔬菜生长期内，不合理灌溉，不但直接影响蔬菜产量和品质，而且对土壤中养分的利用和流失也有重要影响。

在本试验中，小油菜和香菜的常规灌溉量高达400mm/茬，减量灌溉下也达到300mm/茬；番茄、黄瓜的灌溉量每茬高达1200 mm/茬，减量灌溉达到700 mm/茬以上；而且灌溉次数较为频繁（见表2－5），因此各处理区土壤含水量较为稳定，没有出现巨大的波动，无论是常规灌溉还是减量灌溉都能保持土壤含水量在15%～20%之间（如图4－1所示）。

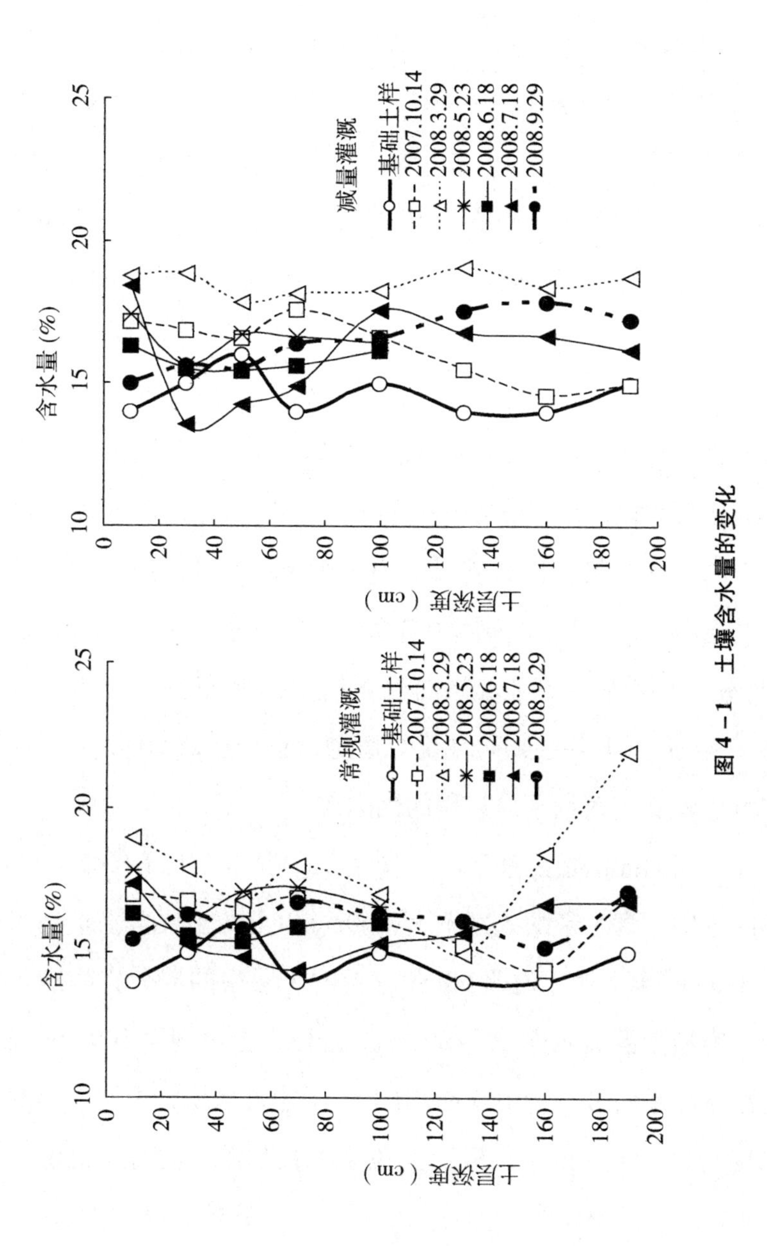

图4-1 土壤含水量的变化

减量灌溉与常规灌溉对土壤的含水量无明显差别，在0~20cm，20~40cm，40~60cm，60~90cm土体中的平均含水量分别为15.35%，16.38%，16.31%，16.81%，在0~90cm土体中的平均含水量为16.6%；在90~120cm，120~150cm，150~180cm，180~200cm的各层中平均含水量分别为19.04%，19.14%，19.4%，20%，90~120cm的土层中平均含水量为19.48%。

表土的平均含水量较低，在20~60cm的土层中，20~40cm土层的含水量高于40~60cm土层，60cm以下，各层的含水量随土层的加深而提高。养分在0~20cm土层迁移时不如在20~60cm土体中的迁移容易，使各养分在0~20cm的浓度远远高出20cm以下的土层。20~90cm土体中各层的平均含水量相差不大，差额不到1%，因而硝态氮在此层的变化较大，90cm以下土层的含水量高于90cm以上各层，而且相对稳定，也是造成90cm以下各层硝态氮比较稳定而且不易累积的因素。

在相同的灌溉量处理下，不同土层中含水量也有差别。90cm以下的土层，含水量的差别不大，60cm以上的土层含水量稍大于60~90cm的含水量，说明60cm以上的土层中的养分，特别是硝态氮，容易随灌溉水向60~90cm层迁移。土壤剖面100 cm以下的土壤含水量明显高于100 cm以上的土壤含水量，说明大量的灌溉水渗漏到100cm以下，极少为蔬菜吸收利用。同时，也说明到100cm处以下的土体时，养分随水分向下运移的难度较大。

由此可见，90cm处土体成为水分含量的明显分界线，养分淋洗到这一处时不易再向下迁移。但是在长期持续的种植中，一旦此层的硝态氮累积量达到一定程度，必然会引起向更深层的淋失。

另外，试验地属于壤质偏黏的潮土，这类土壤中含水量10%就可使作物得到足够的水量，水中各养分的运动速度也较快（周启星等，2006）。试验中所用到的灌溉量足以保证作物的健康生长和土样中养分的自由迁移。由于土壤质地的空间差异，相同的水分处理下蔬菜地土壤含水量的变化也存在轻微的差异。

有研究表明，当土壤含水量达到田间持水量或者土壤有效含水量的100%时，蔬菜产量能达到最高（李伏生等，2000）。Sammis等（1986）报道蔬菜正常生长时根层土水势必须保持在20 kPa以上，蔬菜才能生长良好。Sotiris等（1999）通过两年田间试验研究表明：当表层土壤30 cm处的土水势为-301kPa时比土水势为-100kPa时莴笋产量高，而叶片中硝酸盐含量也高。但也有研究发现，过高的土壤含水量将导致蔬菜产量降低。也有报道指出，干旱情况下蔬菜生长受到抑制，蔬菜中NO_3^--N含量随之升高，适当增加土壤含水量，蔬菜中硝酸盐含量可随之下降（王朝辉，2002）；在圆白菜生育期内供水量为510 mm，其硝酸盐含量明显高于供水量为890 mm的圆白菜中硝酸盐含量，提高灌溉量可以明显降低蔬菜中硝酸盐含量，尤其是施氮量高时蔬菜中硝酸盐含量降低更为明显（Davis，1990）。Maticic等（1992）在Ljubljana试验站从1985年到1990年通过五年田间定位试验研究表明：土壤含水量过高或过低都会导致蔬菜中硝酸盐和亚硝酸盐含量增加。本试验的灌溉处理下，由于土壤中水平供应充足，在同等施肥量条件下，蔬菜的产量和品质受灌溉量的影响不大，与以上研究结果明显不同（详见第3章）。

4.2 不同水肥配置下土壤有机质变化

土壤有机质含量是土壤肥力的基础，在保持土壤质量方面起着重要的作用，是影响土壤其他功能的一个关键因子，在土壤肥力的化学、生物学和微生物学方面起重要作用（Gong，2009），同时也是土壤肥力的重要物质基础，对土壤肥力具有多方面的作用，因此它被作为评价土壤肥力高低的重要指标之一。常规农业以大量的化肥来维持产量，不合理施用化肥导致土壤有机质含量降低。但有机农业理论认为土壤是个有生命的系统，施肥首先是培育土壤，再通过土壤微生物的作用来供应作物养分（Rigby，2001）。因此，有机农业要求利用有机肥和合理的轮作来培肥土壤，提高土壤有机质含量和腐殖质含量。在有机种植过程中还要尽可能地提高土壤有机物质的腐殖化系数，减少土壤养分的流失，提高养分的利用率（杜相革等，2001；马世铭，2004）。

4.2.1 0~20cm 土层土壤有机质含量的动态变化

土壤中有机质的含量变化较缓慢。小油菜收获后（2007.10.14），土壤中有机质的含量变化不大，各个处理间几乎都是维持在同一水平。经过一个冬季，到次年的3月，各小区的有机质含量都有很小幅度的下降，随着春夏的到来，气温上升，有机肥的分解加快，施肥量开始影响各处理的有机质含量。到第四茬结束时，对照区的有机质含量比试验前略有下降，HCK为原来的88.3%，LCK为原来的90.1%；施肥处理区与原来相比几乎保持不变，增加量不足试验前的1%，且相互间无明显差异。

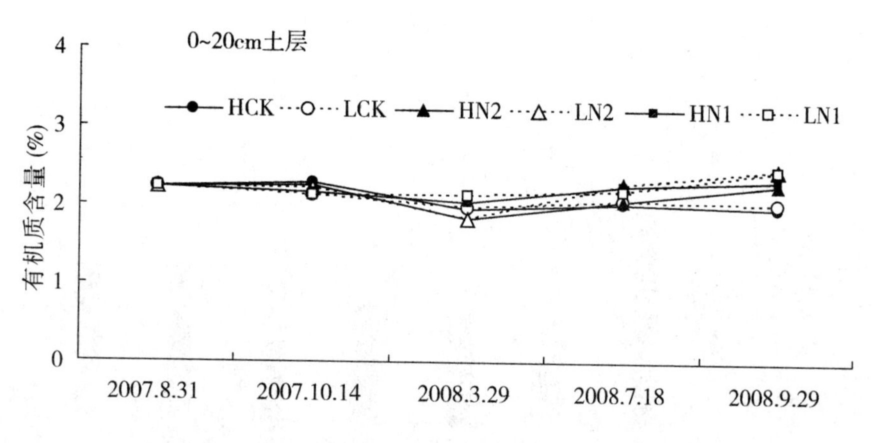

图4-2 种植前后0~20cm土层的有机质含量变化

4.2.2 20~40cm土层土壤有机质含量的动态变化

在基础土样中，20~40cm土层有机质含量明显比0~20cm层低。随着试验的进行，到第四茬（黄瓜）收获时，各个处理区的有机质含量均有所下降（如图4-3所示）。不施肥区下降幅度最大，HCK，LCK分别为基础土样的51.4%和47.2%；HN1，LN1

下降为原来的 44.4% 和 34.5%；HN2，LN2 分别下降为原来的 22.5% 和 27.5%。这个结果说明；有机肥通过矿化、分解向地下迁移，这一过程需要土壤微生物、细菌的参与才能完成。而完成这一过程需要较长的时间，因此，表层 0 ~ 20cm 的有机质与有机肥中的有机质对 20 ~ 40cm 的有机质含量的影响不会在短时期内完全表现出来。由此可见，增加施肥量有一定的缓解有机质含量下降的趋势。增加灌溉量并不能有效地加速有机质向深层渗漏，对地下 20 ~ 40cm 土层有机质含量的增加贡献不大。

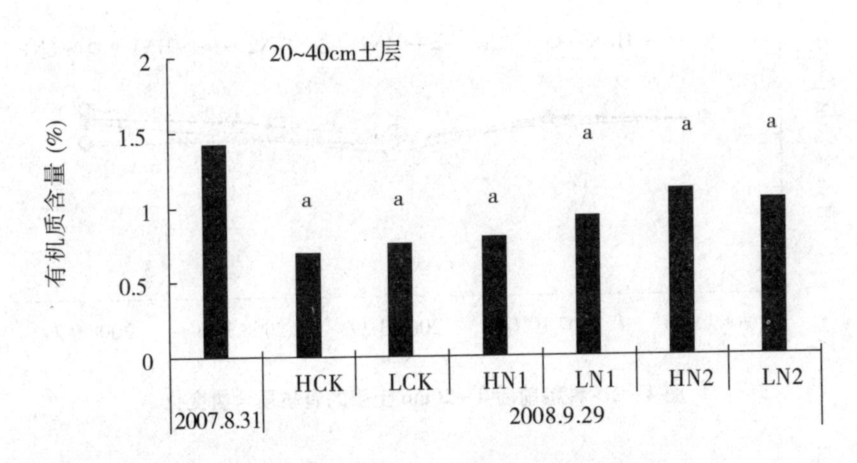

图 4 – 3　种植前后 20 ~ 40cm 土层的有机质含量变化

4.3　不同水肥配置下土壤全氮含量变化

氮素是作物生长中极其重要的营养元素之一，是土壤肥力中最重要的一项指标。全氮包括可供作物直接利用的矿质氮、易矿化有机氮和不易矿化的有机氮及晶格中固定的铵（黄绍敏等，2002），是作物氮库的主要组成部分，其循环与转化是土壤环境物质与能量交换的重要组成环节。大量试验表明，即使在施用大量氮肥的情况下，作物中积累的氮素中约有50%系来自土壤，在某些土壤上这个数字甚至在70%以上（徐明岗等，2006）。

4.3.1　0~20cm土层土壤全氮含量的动态变化

第一茬（小油菜）收获后，各处理区土壤全氮含量变化不大，基本维持在基础土样的原来水平上（如图4-4所示）。第二茬为过冬菠菜，耕种期间没有施肥，属于填闲作物。收获后土壤全氮含量的变化也不大。这可能跟原来的土壤全氮含量较高，小油菜、香菜的生长期短，产量不高且各处理区之间相差不大等原因有关；另外，小油菜、香菜的种植期间为秋冬时节，气温降低，土壤中有机肥以及土壤氮素矿化的程度都不高。第三茬（番茄）收获后，施肥量对土壤全氮含量的影响开始出现差别，常规施肥处理下，土壤全氮含量开始提高，其他处理则略有下降。到了最后一茬（黄瓜）收获后，HN2，LN2的全氮含量提高为原来的21%和18%，呈现上升趋势；HN1，LN1为试验前的9%和6%，变动不大；HCK和LCK低于基础土样，呈微小的下降趋势。结果表明，施肥量与土壤中全氮含量有密切关系，施肥量增大使全氮含量也随之增加。

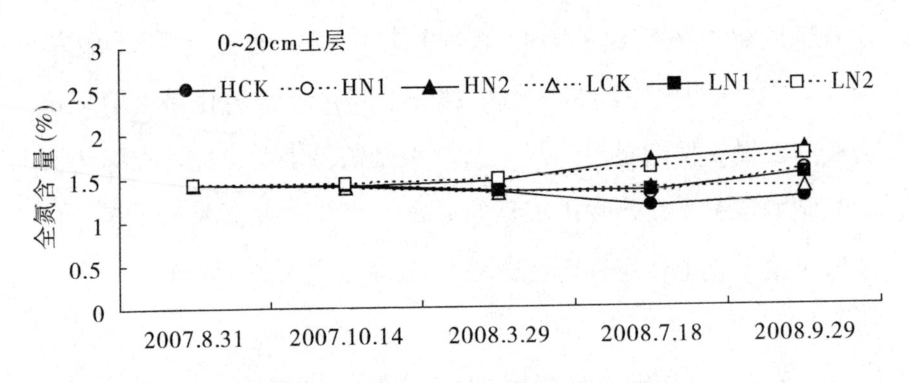

图 4-4 土壤 0~20cm 全氮含量变化图

4.3.2 20~40cm 土层土壤全氮含量的动态变化

20~40cm 的全氮含量远远低于表层（0~20cm），都在 1% 以下。虽然经过四茬的种植，但 20~40cm 土层的全氮含量变化极小，各处理区较基础土样有极小幅度的下降。说明，在短时期内，施肥对 20~40cm 土层全氮的影响不大，即使大量施肥，本层土壤氮素也不断矿化，提供作物所需的氮。

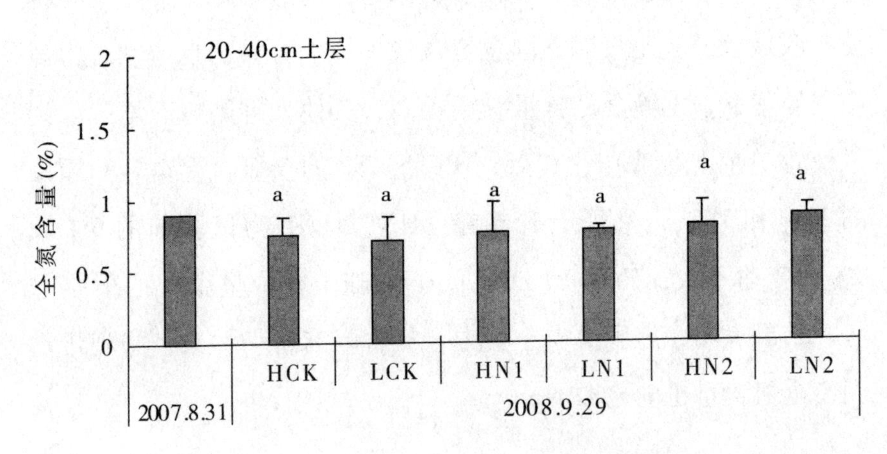

图 4-5 土壤 20~40cm 全氮含量变化图

4.3.3 不同有机肥施用量下土壤全氮含量与有机质含量的相关性

大量研究表明，土壤中有机质含量与全氮含量呈显著相关。在一些长期试验中，都以有机肥料区的土壤含氮量为最高，而化肥区仅略高于不施肥区（赵秉强等，2002）。这可能是由于大量施用氮肥可提高作物根茬和根分泌物的量，亦即增加了归还土壤的有机氮量，这部分氮比土壤原有的有机氮易矿化（Rasmussen et al.，1988）。本研究中，土壤表层0～20cm土壤中有机质与全氮含量没有相关性，常规灌溉与减量灌溉下两者的相关系数分别为0.462和0.514。试验中，有机肥的投入差别大，试验时间不够长，肥料分解不完全，对有机质和氮的影响不一致。20～40cm的土层中，有机质与全氮受施肥量的影响小，而两者之间呈现显著的相关性。在减量灌溉下，有机质含量与全氮含量的相关系数为0.898（>0.5），常规灌溉下两者的相关性尤其显著，相关系数为0.984（>0.5）。

4.4 不同水肥配置下土壤无机氮含量的动态变化及其矿化特征

氮素是作物生长所必需的营养元素，土壤中氮素的丰缺及供给状况直接影响作物的生长发育。本研究中的无机氮指的是硝态氮与铵态氮。无机氮是能被当季作物吸收利用的氮素，能反映近期氮素供应状况，是土壤肥力的重要指标之一。无机氮能够较灵敏地反映土壤氮素动态变化和供氮水平，其在土壤中的含量与后作产量和吸氮量存在较显著的相关关系。

4.4.1 不同水肥配置下土壤铵态氮含量的动态变化

铵态氮是能被植物直接吸收利用的速效态氮。总的来看，土壤中的铵态氮含量不高，所有的处理中，基础土样的表层土中铵态氮含量最高，为5.65mg/kg，HCK处理中出现过最低的1.16mg/kg。铵态氮含量在各处理、各土层中的含量变化不大。施肥量、灌溉量没有对铵态氮的含量与分布产生明显的作用。

图4-6中可知，不同灌溉条件下对照区（CK）的铵态氮含量在不同土层中的变化不大。HCK处理下120~180cm土层中铵态氮浓度的变化比较大，主要表现为过冬后（2008.3.29），铵态氮在120~150cm和150~180cm层的含量有所增加，在番茄收获后（2008.7.18）有较大幅度的下降。LCK的变化极小，各土层与试验前相比，铵态氮基本保持一致。

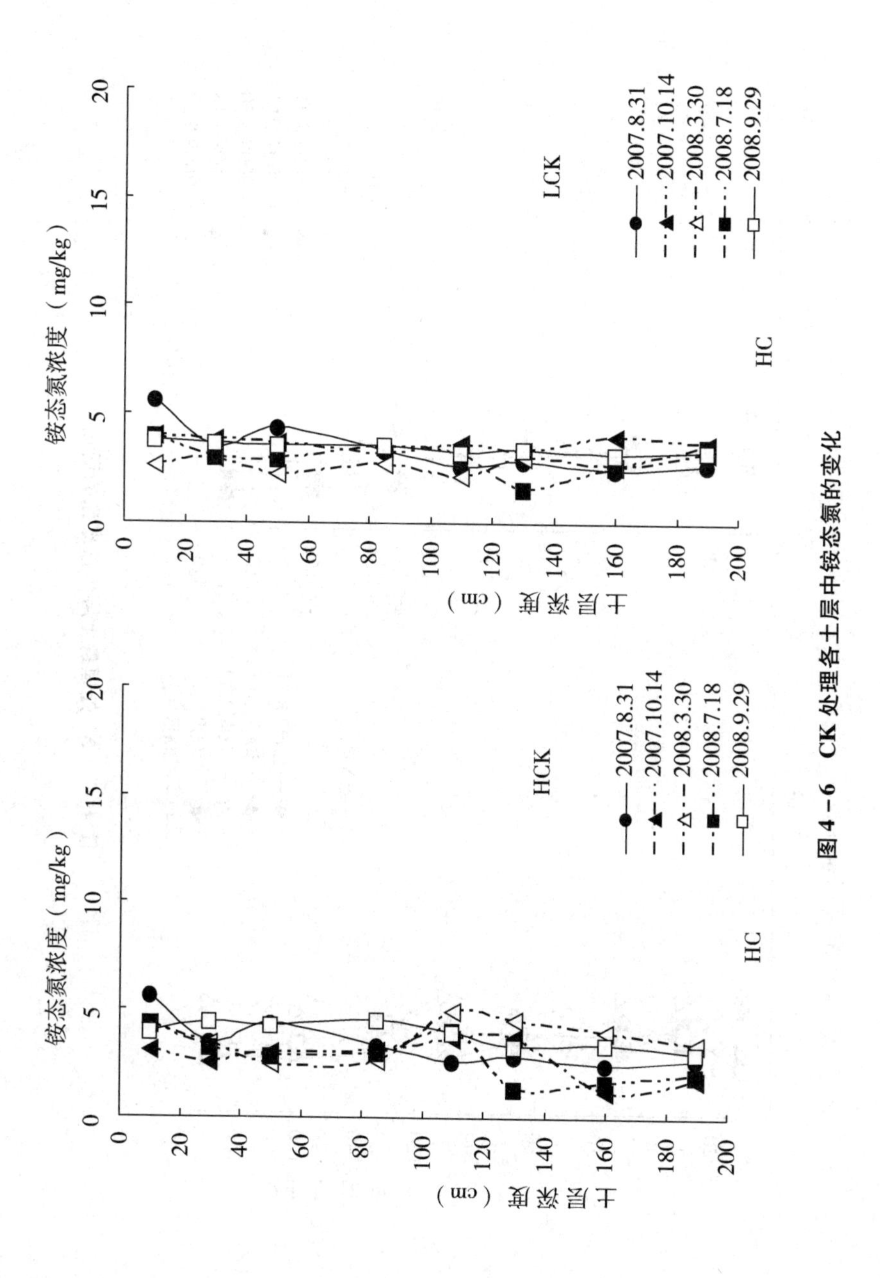

图 4-6　CK 处理各土层中铵态氮的变化

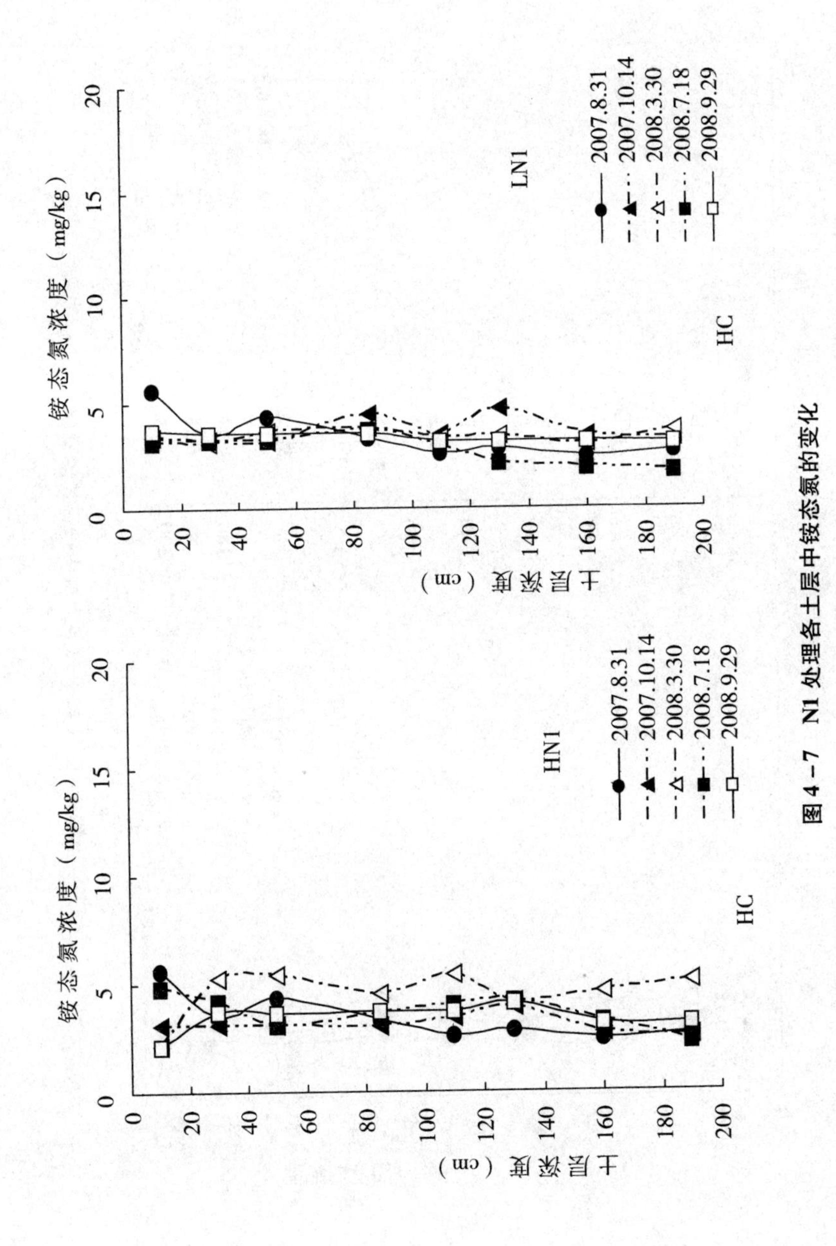

图4-7 N1处理各土层中铵态氮的变化

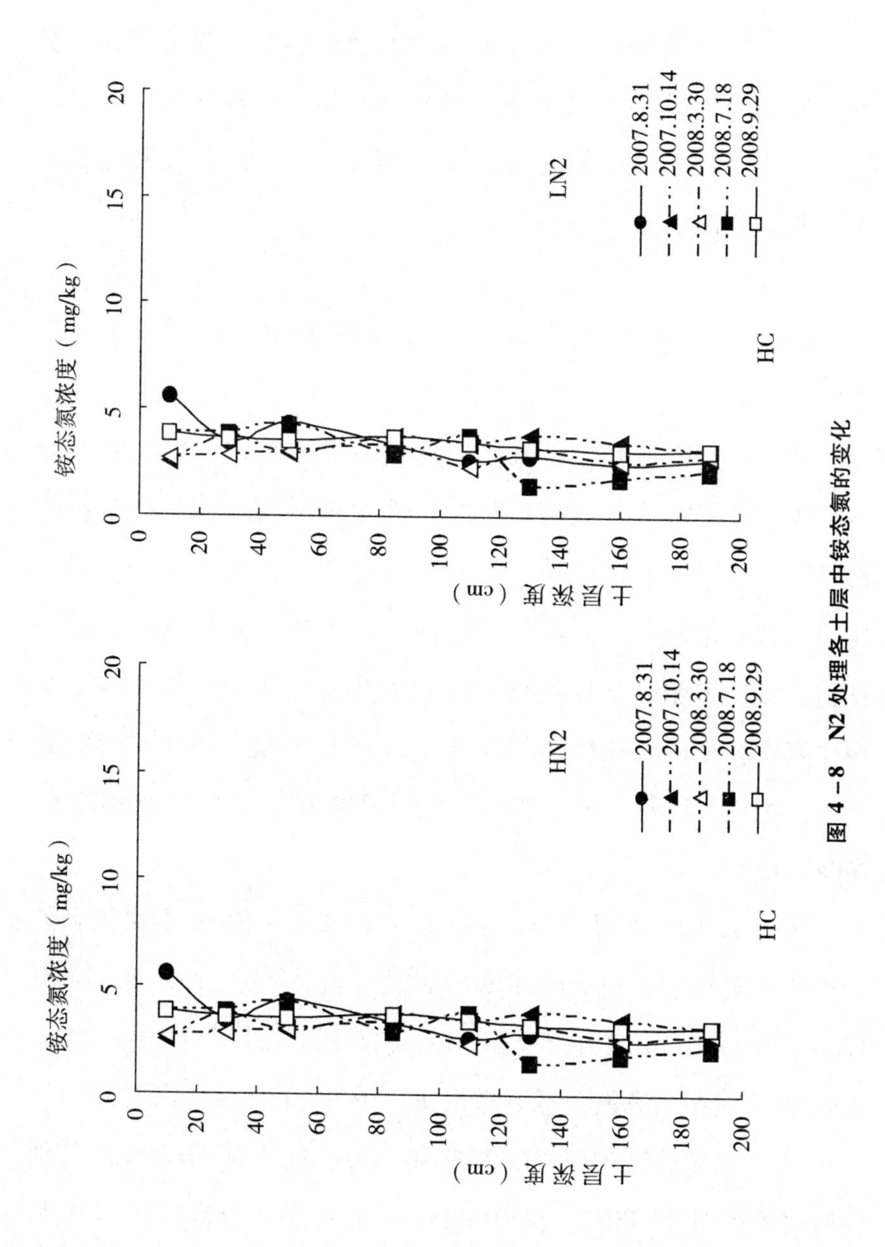

图 4－8　N2 处理各土层中铵态氮的变化

从图4-7和图4-8中可知，N1，N2处理下，不同灌溉对各土层中铵态氮的影响较小，与试验前相比，各土层的铵态氮基本保持在5 mg/kg以下。土壤表层0~20cm的铵态氮含量比试验前都低，在120~140cm的土层，LN1，HN2的变化幅度比其他土层的变化幅度稍大。

4.4.2 不同水肥配置下土壤硝态氮含量的动态变化

氮素在土壤中以有机氮和无机氮的形式存在，硝态氮是最主要的无机氮形式，也是氮素在土壤中最活跃的因素，对氮素在作物-土壤-生物系统中的转化和迁移有重要影响。土壤中的硝态氮变化剧烈，土壤剖面中硝态氮含量的变化以及分布是作物吸收、施肥、土壤类型、降雨和灌溉等环境条件影响下土壤中氮素转化、淋洗移动的综合表现（黄绍敏，2006）。施肥，特别是施用氮肥是影响土壤硝态氮含量的最直接因素（徐明岗，2006）。

从表4-9中可以看出，不施肥对土壤0~60cm土层硝态氮含量的影响巨大，对80~120cm的土层也有较大的影响，而对120~200cm的土层影响不大。小油菜收获后（2007.10.14），0~60cm的土层中硝态氮含量下降很快，HCK，LCK处理下表层0~20cm的硝态氮分别为原来的53%和48%；在20~40cm土层分别为原来的53%和38%，在40~60cm土层分别为原来的52%和46%。80cm以下土层的硝态氮含量变化不大，几乎与试验前保持在同一水平。香菜收获后（2008. 3. 29），0～60cm 土层中硝态氮的含量进一步降低，降到了 15. 45mg/kg 以下。HCK 在 60～120cm 土层的硝态氮含量比前一茬更低，60～90cm 硝态氮为原来的34%，90～120cm 硝态氮为原来的59%，而 120cm 以下的变化较小。LCK 在 60～90cm 硝态氮下降为试验前的 58%，90cm 以下的土层剖面硝态氮变化不大。第三第四茬收获后的变化情况与第二茬相比，变化不大，基本保持一致，只是 LCK 在 120～150cm 的土壤层有一个稍大的下降幅度。

这种变化结果与灌溉、气温、土壤质地等因素有关。在不施肥的条件下，根层（0～90cm）硝态氮被作物吸收、向下淋洗、挥发等各种损失途径耗散掉，而在 2007 年 9 月至 2008 年 3 月的种植期间内气温低，两种灌溉条件下土壤中氮素矿化量为 -275. 92 kg/ha（LCK），-289. 31 kg/ha（HCK），表明大量氮素被固定在土壤中，使得 90cm 以上的土壤中硝态氮急剧下降。到了 3 月至 9 月的种植期内，随着温度的上升，土壤中的氮素开始大量矿化，第三茬的矿化量为 212. 16 kg/ha（HCK），258. 88 kg/ha（LCK）；第四茬的矿化量为 9. 44 kg/ha（HCK），15. 23 kg/ha（LCK）。这为土层中提供了大量硝态氮，使 0～90cm 的硝态氮浓度基本保持在第二茬时的水平。

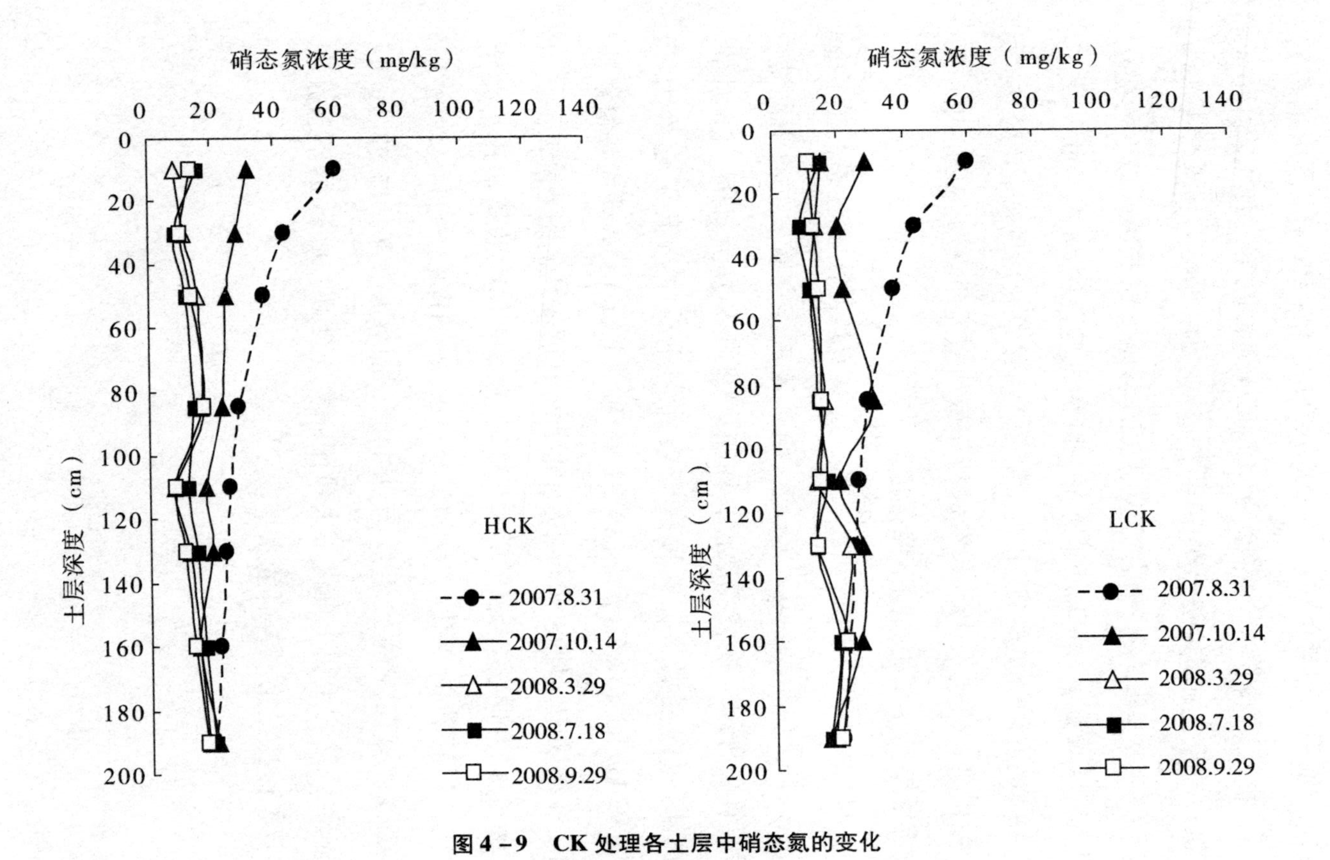

图4－9　CK处理各土层中硝态氮的变化

灌溉对硝态氮的淋洗也产生一定的影响。常规灌溉相比减量灌溉，对硝态氮的迁移更有影响。常规灌溉下90～180cm土层的硝态氮一直呈现下降的趋势，180cm以后才出现极小的累积。减量灌溉则对100cm以下土层的硝态氮影响不大，90～120cm处的硝态氮的变化极小，虽然在120～140cm处有较小的下降，但150cm以下的土层都没有出现过较大的波动。结果表明，在常规灌溉的基础上减量灌溉对硝态氮的向下迁移有明显的抑制作用。由此可见，水分是硝态氮淋洗的载体，灌溉量是硝态氮向下迁移的重要因素。

施有机肥对增加土壤中的硝态氮含量有显著作用，随种植时间的延长，作用越明显。0～20cm土层中，在前两茬种植期内，硝态氮含量下降很快，变化的趋势与CK处理相似。到了第三、第四茬，在40cm以上的土层中，硝态氮浓度开始上升，常规灌溉下硝态氮浓度的上升幅度超过减量灌溉处理，LCK表层0～20cm的硝态氮含量恢复到了试验前的水平，而HCK则比试验前稍高，如图4-10所示。40～100cm的土层中硝态氮含量基本保持在第二茬收获后（2008.3.29）的水平。100cm以下的土层中，硝态氮的含量在整个种植期间几乎保持不变。

增加有机肥的施用量对表层0～20cm土层中硝态氮含量的影响非常明显，对其他土层的硝态氮浓度影响却不大。如图4-11所示，90cm以上的土层中，前两茬的硝态氮浓度变化与CK，N1处理相似，第三茬时，0～20cm土层的硝态氮浓度急剧上升，HN2处理下已经恢复到试验前的水平；到第四茬结束后，HN2，LN2处理中硝态氮含量都已经远远超过了试验前的水平，分别为原来的1.93倍和2.23倍。20～60cm层的硝态氮浓度仍低于试验前。100cm以下的土体中硝态氮的浓度波动很小，与试验前几乎保持不变。

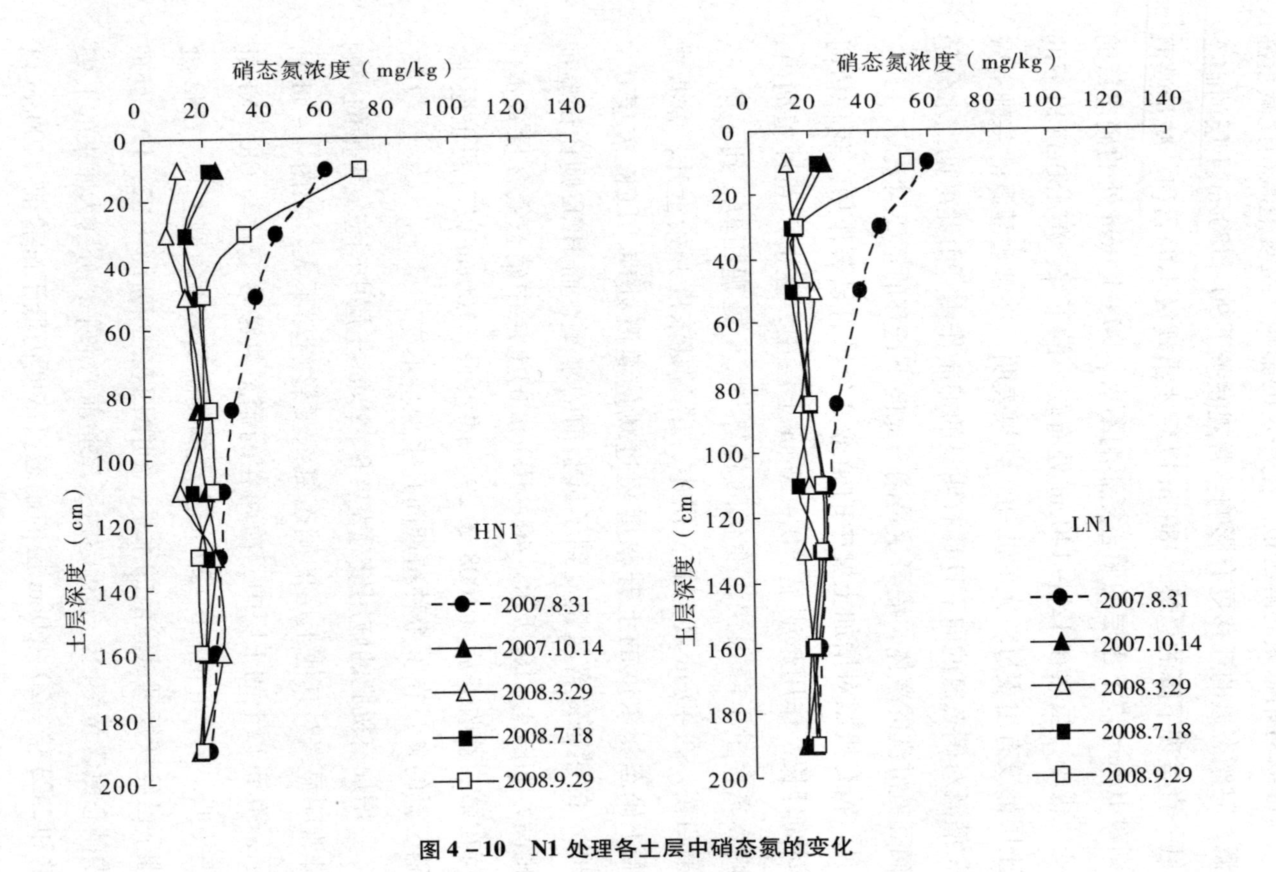

图 4-10 N1 处理各土层中硝态氮的变化

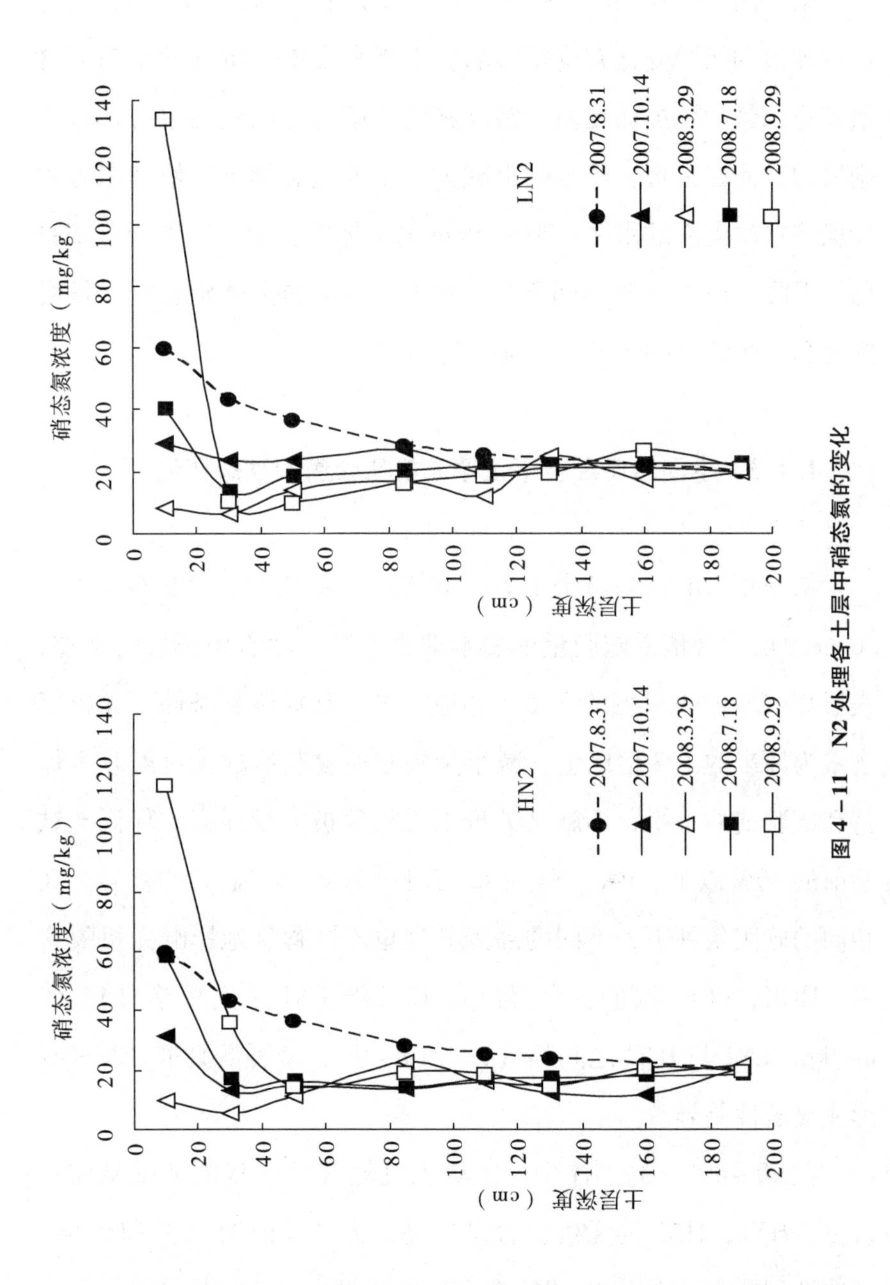

图 4-11　N2 处理各土层中硝态氮的变化

结合图4－10和图4－11可以看出，施肥对土体中硝态氮含量在种植期间的变化有重要影响。土壤表层0～20cm的硝态氮含量随施肥量的增加而提高，常规施肥使硝态氮在此层中的含量急剧增加，而在常规施肥基础上减少一半的施肥量可以使硝态氮含量保持在试验前的水平；20～90cm的土体中，硝态氮含量比试验前均下降。由于试验时间不长，100cm以下的土体硝态氮含量受施肥和灌溉的影响还没有明显表现出来。

4.4.3 不同水肥配置下土壤无机氮含量的动态变化

从一年来的试验结果上看，如图4－12所示，无机氮在0～20cm土层的含量受施肥量的影响非常明显。随着施肥量的增加，表层0～20cm无机氮的含量也相应增加，常规施肥条件下无机氮含量为原来的1.7倍以上；减半量施肥使收获后的无机氮基本保持在试验前的水平，不施肥处理下无机氮被大量耗损，降低至试验前的30%以下。CK，N1，N2三种处理间形成显著的差异。在相同的施肥条件下，不同的灌溉处理也不同程度地影响无机氮含量，HCK，LCK之间的差异很小，HN1与LN1之间相差为14.56 mg/kg，LN2与HN2之间相差17.99 mg/kg，两种灌溉量之间没有形成显著性差异。

在20～40cm的土体中，土壤无机氮含量一直低于试验前的含量。HN1，HN2的无机氮含量较高，为试验前的68%和72%，其他处理区为试验前的30%左右。可见灌溉量对20～40cm土层无机氮的影响很大。表层的无机氮随大量的灌溉水淋洗下来使这一层的无机氮得到补充。

在40~60cm土层中，各处理之间的无机氮含量差别很小，为试验前的32%~48%。说明此层的无机氮被作物吸收、淋失后，上层的氮素可能不能补充到这一层，加上本层的土壤氮素矿化不足，造成无机氮含量迅速下降。

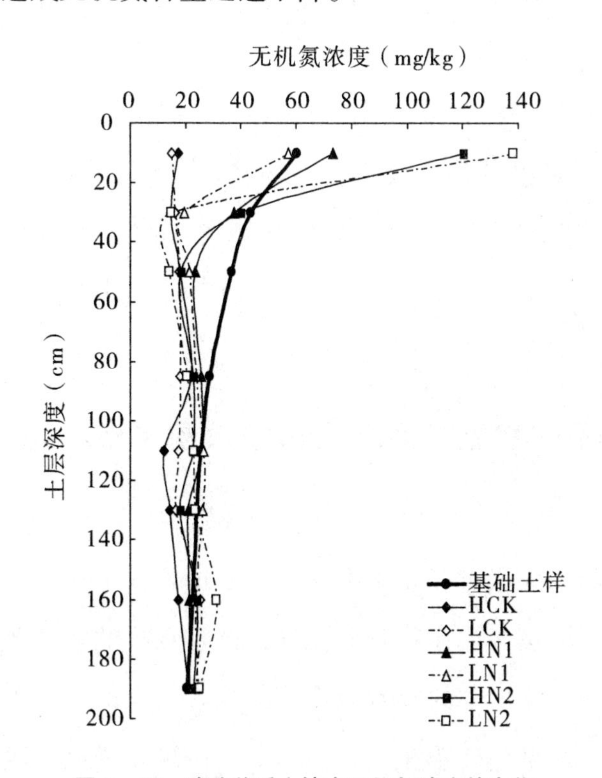

图4-12 试验前后土壤中无机氮浓度的变化

60~90cm层的土体中，各处理区与试验前差别进一步缩小，为原来的61%~80%，没有大的变动。在100cm以下的土体中，除了HCK处理在100~180cm的各层有较大的下降外，其他处理基本与试验前保持在同一水平上，LN2 在 150 ~ 200cm 处还出现了少量的增加。

结果表明，施肥和灌溉对 0 ~ 20cm，20 ~ 40cm 土层的无机氮含量有较大影响，但在短时期内还不足以对 40cm 以下的土体中的无机氮含量造成明显影响。估计这与有机肥本身的特点有关。有机肥所含的各种营养元素必须经过微生物的生物降解作用才能化为被植物吸收利用的可供给态养分，所以肥效稳长，属于缓效肥料。虽然本试验中投入的有机肥经过了堆肥处理，对养分的释放加快，但矿化过程也离不开微生物的作用，因此受气温、水分、土壤的物理性状等因素的影响很大。而且，即便是完全矿化，无机氮随水分迁移到地下也需要相当长的时间。

4.5 不同水肥配置下土壤速效磷含量的动态变化

磷在植物大量营养元素中占有重要地位，是在农业生产上紧排在氮之后的第二位作物营养元素，植物吸收的磷主要来自土壤溶液中。施入土壤中的磷素除作物吸收外，大部分在土壤中积累下来，其中一部分磷被土壤“固定”，一部分转化为速效磷。通常而言，长期施用化肥和有机肥都能不同程度地提高土壤全磷、有效磷、无机磷及有机磷的含量，当化肥与有机肥配施时，作用更为明显（Mercik et al.，2000）。磷的移动性很小，不容易向下运移，过量施肥常常容易在土壤表层 0 ~ 20cm 处出现大量的累积。

4.5.1　0~20cm 土层土壤速效磷（P_2O_5）含量的动态变化

基础土样中速效磷的本底值为60.16mg/kg，在北京地区属于中等水平。第一茬收获后（2007.10.14），由于小油菜的生长季节短，生物量也不大，土壤中消耗的速效磷很少。因而不同水肥处理间的差异很小，不同水肥配置对速效磷的含量影响还没有表现出来。作为填闲作物种植的香菜收获后（2008.3.29），不同处理间速效磷的含量开始出现差异：HN2，LN2 分别为基础土壤的1.78 倍和2.28 倍，HN1、LN1 比试验前提高了 18% 和 37%；不施肥处理与播种前相差无几，大致停留在原来的水平上；N2 与 CK 和 N1 处理出现显著性差异，但 N1 和 CK 之间还没有表现出显著区别。第三茬收获后（2008.7.18），不同的施肥处理区之间差异显著：对照区（不施肥处理）几乎与试验前保持一致，只下降了4~5mg/kg；HN1，LN1 处理上升为试验前的 2.39 和 2.54 倍；HN2，LN2 上升为试验前的 3.57 和 3.15 倍。第四茬收获后（2008.9.29），有效磷的变化趋势与前一茬相同，只不过施肥区是在数量上有进一步的增加而对照区进一步下降。0~20cm 土壤层速效磷含量变化如表4-1 所示。

灌溉量对有效磷含量的影响不大，在相同的施肥区，两种灌溉量处理之间并无显著性差异。

结果说明：施肥量对表层土壤中有效磷含量的变化有显著的

影响，增加施肥造成有效磷含量在土壤表层急剧提高。有机肥中的磷含量较高，三次投入的有机肥而带入的速效磷达到800 kg/ha和1590 kg/ha，直接提高了0～20cm土层中的速效磷含量。

表4－1 0～20cm土壤层速效磷含量变化（mg/kg）

处理	收获日期				
	2007.8.27	2007.10.14	2008.3.29	2008.7.18	2008.9.29
HCK	60.16±9.33	58.56±7.52 a	63.7±8.37 b	54.5±5.25 c	52.5 ± 2.81 c
LCK	60.16±9.33	59.97±6.34 a	60.1±6.39 b	56.7±4.71 c	51.7 ± 0.92 c
HN1	60.16±9.33	58.34±2.13 a	71.5±11.82 b	143.7±9.86 b	262.3 ± 13.33 b
LN1	60.16±9.33	54.95±4.01 a	82.6±6.09 b	152.6±13.89 b	230.4 ± 13.83 b
HN2	60.16±9.33	60.75±2.11 a	107±16.53 a	215±27.74 a	411.2 ± 56.66 a
LN2	60.16±9.33	57.44±3.22 a	137±7.36 a	196±15.44 a	431.3 ± 72.53 a

注：同行的不同小写字母代表在0.05水平上的显著差异，LSD法。

4.5.2 20～40cm土层土壤速效磷（P_2O_5）含量的动态变化

试验前土壤20～40cm土层土壤中有效磷含量为31.97mg/kg，仅为表层土壤的一半左右。种植结束后，HCK，LCK处理的有效磷含量急剧下降，为原来的40%和37%；HN1，LN1比原来提高了27%和49.7%；HN2，LN2比试验前提高了1.4和1.37倍，如图4－13所示。灌溉量没有对有效磷含量带来明显影响，除LN1稍比HN1大外，HCK与LCK，HN2与LN2之间的差异很小。结果表明，施肥量对20～40cm土层中有效磷的含量有显著的正相关影响，而在相同的施肥量条件下，灌溉对提高地下土层有效磷含量的作用不明显。

磷的移动能力弱，短时期内不可能随水分从0～20cm土层大量淋洗到20～40cm土层。造成20～40cm土层中速效磷含量提高的原因应该与耕作方式有关，种植园区采用深耕方式，翻耕的频度也比较大，容易将表层土翻到深层。

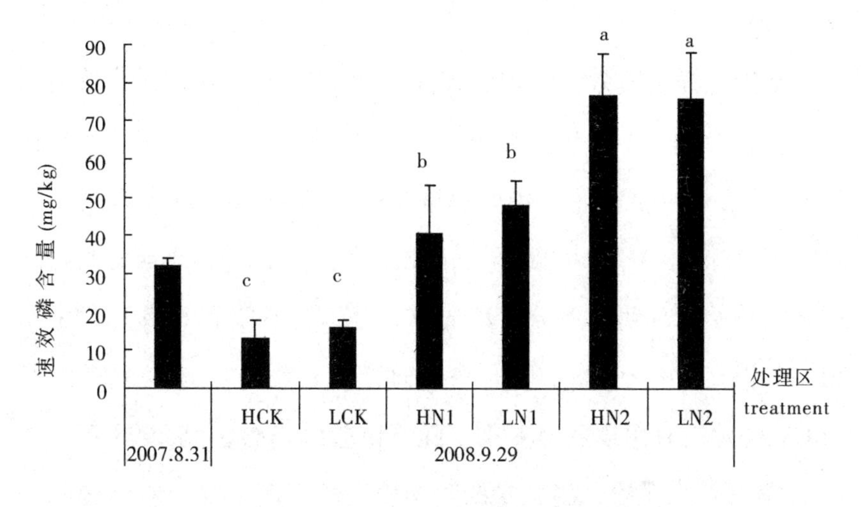

图4－13　20～40cm土壤层速效磷变化

4.6　不同水肥配置下土壤有效钾含量的动态变化

钾是植物生长必需的营养元素之一，从植物营养角度可分为矿物钾、缓效钾和速效钾。由于土壤钾库极大，即使长期施用钾肥，对土壤全钾的影响也无法准确测定，但钾肥能显著提高土壤速效钾的含量（Swarup et al.，1986）。蔬菜对钾素的吸收量大，大棚内长期连续的蔬菜种植可以使土壤速效钾以生物量的形式移出土体，致使出现缺钾症状，对作物生长、产量、品质都有重要影响。

4.6.1 0~20cm 土层土壤速效钾（K_2O）含量的动态变化

基础土样中速效钾的含量较高，为160.7mg/kg，在北京地区的钾肥肥力评价中有效钾水平为高（张福锁，2006）。2007 年 10 月 14 日第一茬收获后，各处理区的速效钾含量都有小幅度的下降。到 2008 年 3 月 29 日第二茬收获后，HN2，LN2 与其他处理区之间开始出现明显差异，较试验前提高了 51% 和 87%；LN1 比第一茬提高了 8 mg/kg，其他各处理之间也继续小幅度下降，N1 与 CK 处理没有出现明显差别。随着试验的进行，到 2008 年 7 月 18 日第三茬收获后，施肥量的影响表现越来越明显：双倍施肥处理、常规施肥处理、对照区之间均达到显著性差异；HCK，LCK 处理区继续小幅度下降，比试验前低了 20 mg/kg 左右。HN1，LN1 分别比试验前提高了 15 mg/kg 和 10 mg/kg，HN2，LN2 比试验前提高了 2 倍左右。到了 2008 年 9 月 29 日第四茬收获后，各处理间的变化趋势与前一茬相似，LCK，HCK 下降为试验前的 77% 和 84%，LN1 和 HN1 比试验前提高了 26% 和 40%，HN2 和 LN2 则上升为试验前的 2.13 倍和 2.35 倍。0~20cm 土壤中速效钾的变化如表 4-2 所示。

在相同的施肥条件下，灌溉对速效钾含量变化的影响很小，减量灌溉处理与常规灌溉处理下速效钾的含量差别最大不超过 40

mg/kg。

结果表明：在不施肥的条件下，土壤中有足够的钾素转化为速效钾，可以在短期内保持在一定的水平上。施肥对表层土壤中速效钾含量有正相关影响，是造成速效钾大量累积的重要因素。

表4-2 0~20cm土壤中速效钾的变化（mg/kg）

处理	收获日期				
	2007.8.27	2007.10.14	2008.3.29	2008.7.18	2008.9.29
HCK	160.7±15.82	150.65±10.73 a	146.3±13.52 a	140.4±12.92 a	135.8±21.64 a
LCK	160.7±15.82	151.3±10.43 a	144.1±9.46 a	138.5±8.585 a	134.3±17.58 a
HN1	160.7±15.82	160.2±12.14 a	150.8±10.15 a	175.3±11.38 b	203.4±27.28 b
LN1	160.7±15.82	156.12±9.906 a	164.3±6.32 a	170.1±10.61 b	224.5±15.83 b
HN2	160.7±15.82	144.95±12.95 a	242.8±17.84 b	330.5±32.23 c	341.6±12.78 c
LN2	160.7±15.82	143.23±13.76 a	200.6±31.63 b	322.7±20.74 c	377.1±35.46 c

4.6.2 20~40cm土层土壤速效钾（K_2O）含量的动态变化

20~40cm土层的有效钾含量为112 mg/kg，比表层略低。经过四茬种植后，除CK处理比试验前稍稍下降外，其他处理均有增加；HN2，LN2处理比试验前分别增加了1.79和1.91倍，LN1处理增加40%，HN1处理增加了24%，如图4-14所示。结果表明，施肥量与20~40cm的速效钾含量也相关，随施肥量的增加而提高，并在CK，N1，N2三种施肥量处理间形成显著的差别。在相同的施肥条件下，不同的灌溉量对速效钾含量的影响不大。

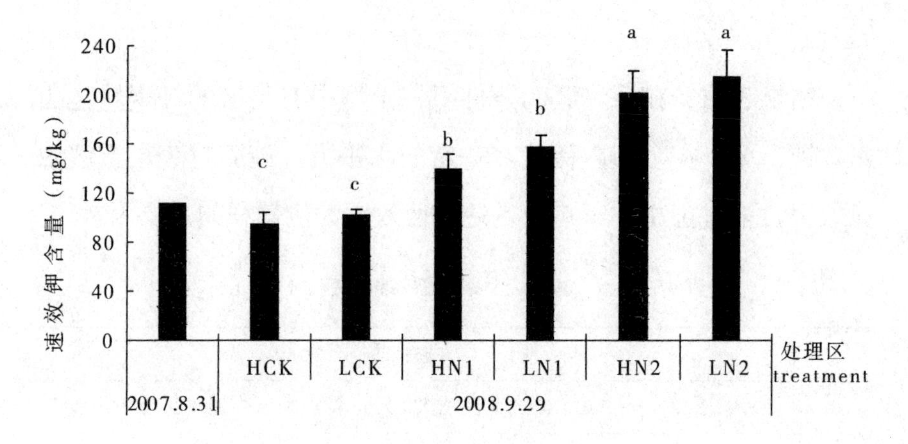

图 4－14　20～40cm 土壤中速效钾的变化

4.7　不同水肥配置下养分供求平衡状况

农业生态系统中的养分循环受人类活动的深刻影响，在过去几十年里，农业的迅速发展主要是靠不断增加投入来达到的。化学肥料的大量投入，在促进农业迅速发展的同时，也引起了一系列环境、资源和产投比降低等问题，并造成 N、P 盈余而 K 亏缺，说明农业的发展不能只靠化肥和能源的投入，还必须研究养分循环和平衡。只有了解了养分的平衡，才能合理调节投入，使有限的资源得到最大限度的利用。有机肥是一种完全肥料，腐熟的有机肥含有大量的有机胶体物质和无机离子，对全面补充土壤中流失的养分有良好的效果，其作用是化肥所不能代替的。由于有机肥的养分缓效作用，在大量、长期施用的条件下，对土壤中的养分平衡有巨大而重要的影响。

4.7.1　无机氮的平衡状况

土壤－作物体系中的氮素行为与氮素养分利用和环境质量变化密切相关。无机氮是土壤氮素中最活跃的形态，无机氮的平衡状况能迅速、有效地反映体系中氮素的及时变动，为施肥提供最直接、最有效的参考。

本研究的计算中，将土层定义在0～90cm范围内，认为90cm以下的养分极少被作物吸收，淋溶、迁移到90cm土层以下的氮素可认为损失掉。

表4－3统计了每次施肥后与整个种植期间的无机氮平衡状况。由于试验地为多年使用的菜地，试验前土壤中的无机氮素累积量高达552.21 kg/ha，足以提供作物生长所需的氮量。这也是大量的氮素投入并没有立即影响作物产量的原因之一。

第一次施肥后，作物携带出去的氮量在120.05～128.72kg/ha之间，各处理区的差别相差不大。收获后，土体中的无机氮残留量急剧减少，下降至198～252kg/ha之间，大量氮素被固定在土层中。各处理间的氮素淋失量在4.9～6.9 kg/ha之间，相差不显著；相对于被固定在土体中的氮素而言损失小得多。施肥成为体系平衡中影响最大的因素，即使减量施肥，投入的氮量也超过了作物吸收的3倍以上。因此在收获后，0～90cm土体中对照区的损失极小，常规灌溉下损失为4.06 kg/ha，而减量灌溉下的损失为3.58 kg/ha；施肥处理出现了大量无机氮盈余，数量上与投入有机肥而带入的氮量几乎相同。这样看来，第一次施肥后，有机肥几乎没有产生作用。

第二次施肥后，土壤氮素矿化量加大，达到了266.85 kg/ha和247.86 kg/ha，作物吸收的氮量在不同处理间出现较大的差别。施肥区开始在土体中出现超过种植前的氮素残留，氮素残留量与施肥量呈正相关。收获后，减半量施肥处理基本能维持平衡，而常规施肥处理则将平衡提高到300 kg/ha以上的水平，并且，常规施肥处理下盈余的氮量远远高出减半量施肥处理。

表4-3　不同处理下0~90cm土层无机氮的表观平衡（kg/ha）

小油菜、香菜2007.8.31—2008.3.29		HCK	HN1	HN2	LCK	LN1	LN2
第一次施肥	试验前氮累积	552.21	552.21	552.21	552.21	552.21	552.21
	氮投入	0.00	424.36	848.72	0.00	424.36	848.72
	灌溉带入	2.57	2.57	2.57	1.93	1.93	1.93
	矿化	-225.73	-225.73	-225.73	-212.34	-212.34	-212.34
	作物吸收	125.72	124.80	128.72	121.62	120.05	123.16
	氮残留量	200.76	209.07	226.97	218.25	252.88	198.29
	淋溶损失	6.63	4.96	6.89	5.51	4.94	6.84
	表观平衡	-123.15	302.13	722.57	-119.69	306.24	727.48
	氮素盈余	-4.06	414.58	815.18	-3.58	388.29	862.22

续表

番茄 2008.3.30—2008.7.18		HCK	HN1	HN2	LCK	LN1	LN2
第二次施肥	试验前氮累积	200.76	209.07	226.97	218.25	252.88	198.29
	氮投入	0.00	359.10	718.20	0.00	359.10	718.20
	灌溉带入	3.86	3.86	3.86	2.25	2.25	2.25
	矿化	266.85	266.84	266.84	247.86	247.86	247.86
	作物吸收	267.87	350.20	395.78	269.94	361.95	378.26
	氮残留量	199.73	276.00	358.07	196.17	262.28	329.53
	淋溶损失	7.13	13.20	17.40	6.40	10.78	14.94
	表观平衡	-264.01	12.76	326.28	-267.69	-0.60	342.19
	氮素盈余	-3.27	199.48	444.64	-4.15	227.07	443.87
黄瓜 2008.7.18—2008.9.29		HCK	HN1	HN2	LCK	LN1	LN2
第三次施肥	试验前氮累积	199.73	276.00	358.07	196.17	262.28	329.53
	氮投入	0.00	260.42	520.85	0.00	260.42	520.85
	灌溉带入	4.18	4.18	4.18	2.89	2.89	2.89
	矿化	105.59	105.59	105.59	98.19	98.19	98.19
	作物吸收	92.90	103.46	117.82	82.83	112.14	115.19
	氮残留量	212.42	476.37	582.41	211.53	369.72	539.57
	淋溶损失	13.76	15.30	20.46	9.88	8.83	13.42
	表观平衡	-88.73	161.14	407.21	-79.93	151.18	408.55
	氮素盈余	-9.58	51.05	268.00	-6.99	133.10	283.29
2007.8.31—2008.9.29		HCK	HN1	HN2	LCK	LN1	LN2
总计	试验前氮累积	552.21	552.21	552.21	552.21	552.21	552.21
	氮投入	0.00	1041.86	2083.72	0.00	1041.86	2083.72
	灌溉带入	10.61	10.61	10.61	7.07	7.07	7.07
	矿化	146.71	146.71	146.71	132.17	132.17	132.17
	作物吸收	486.50	582.39	638.39	472.85	594.03	613.50
	氮残留量	212.42	476.37	582.41	211.53	369.72	539.57
	淋溶损失	36.72	44.64	59.80	28.11	34.37	41.91
	表观平衡	-475.89	470.09	1455.94	-465.78	454.90	1477.29
	氮素盈余	-26.11	647.99	1512.65	-21.03	735.18	1580.19

由此可见，施肥量对体系平衡的影响巨大。在相同施肥量的条件下，减量灌溉下的氮素盈余高过常规灌溉下的处理。但是两者之间的差额显然不如同灌溉条件下的不同施肥处理相差的结果大。最后一次施肥后，大量的氮素残留于土体中，超过了种植前的1.4倍以上。作物吸收的氮量与土壤氮素的矿化量相当，有机肥的投入使得施肥区的氮素平衡被进一步拉大，HN1，LN1的平衡值达到了161.1kg/ha和151.2kg/ha，HN2和LN2则达到407.2kg/ha和408.6kg/ha。

从四茬蔬菜种植过后的结果来看，土壤自身的供氮只发生在3—9月，其余时间土壤对氮素起固定作用，因而就全年来说，土壤氮素矿化量不高，土壤中的氮素矿化量在两种灌溉条件下分别为146.71 kg/ha和132.17kg/ha，由灌溉而带入的氮量分别为10.6kg/ha和7.07kg/ha，显然不能满足作物生长所需。在氮素淋洗量较高的沙质潮土中连续种植蔬菜必须投入肥料来补充。施肥能明显提高作物吸氮量，在常规灌溉下HN1与HCK处理间的吸氮量相差95.9kg/ha，而加大施肥量对提高作物吸氮量的作用则不明显，HN2与HN1处理之间相差56.0 kg/ha；在减量灌溉下，这个趋势更加明显，LCK与LN1之间相差121.2 kg/ha，LN2与LN1之间的差距降低为19.5 kg/ha。而在相同的施肥量下，灌溉量对作物吸氮量的影响不大，HCK与LCK之间相差13.7 kg/ha，HN1与LN1之间相差最小，为11.7 kg/ha，HN2与LN2之间相差为24.9 kg/ha。

大量的有机肥投入到原本就相当肥沃的土壤中，氮素利用率必然受到一定的影响。如图 4－15 所示，第一次施肥后，氮素利用率不超过 2%，表明这两个处理的有机肥没有被利用，作物吸收的氮全部来自试验前土壤中的残留氮素；随着土体中氮素残留量的下降，作物吸氮量的提高，氮素利用率达到了最大，LN2 区最低，为 15.1%，LN1 达到最高，为 25.6%。最后一茬的氮素利用率除了 LN1 为 11.6% 外，其他处理都在 5% 左右。总的来看，减半量施肥处理下有机肥中的氮素利用率稍高，在 10% 左右，而常规施肥处理的利用率在 7% 以下。

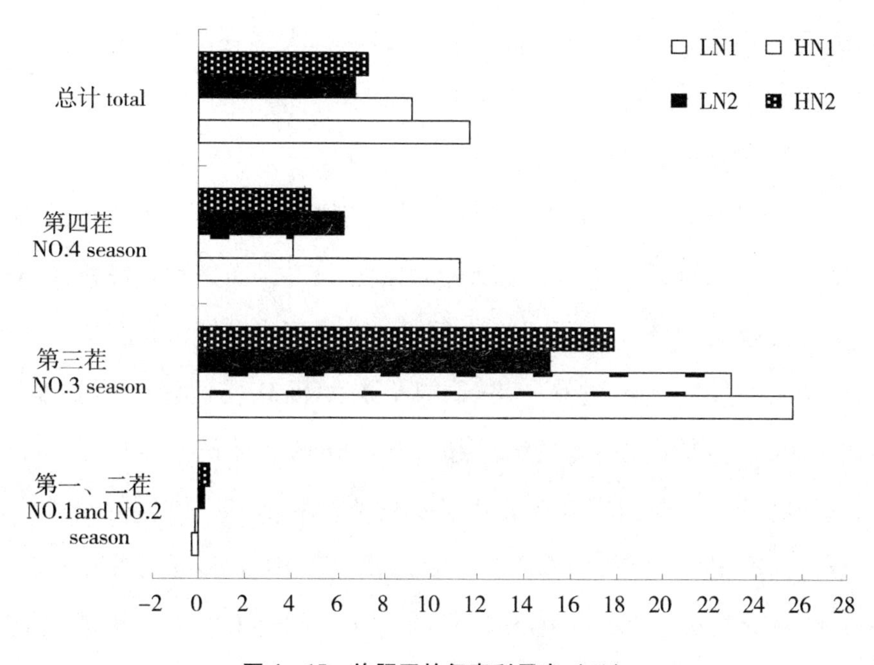

图 4－15　施肥区的氮素利用率（%）

试验后土体中大量氮素残留，最低的有 369.7 kg/ha，而最高的达到 582.4 kg/ha。以第三茬的番茄产量而言，不再施肥也足以提供一茬番茄的种植了。如果按照常规的施肥方式，持续种植必然引起氮素利用率下降、氮素累积量加大的恶性循环。从图4－15中也可以看出，施肥处理下0～20cm土体中的氮素累积量超过0～90cm的一半以上，施肥量越高，0～20cm氮素累积量就越大，HN2，LN2在0～40cm土体中的累积量占0～90cm土体的73.87%和76.01%，由此可见，根层表土的大量氮素残留对下一茬作物的生长十分有利，可能是造成下一茬作物增产的重要因素。第三茬种植时，种植前的残留氮素量与作物吸氮量之间的相关系数为0.912，说明两者之间存在密切的相关性。而这一茬由施肥引起的氮素利用率最高不超过11%，大多在7%左右，显然与作物的产量没有多大的相关。

0～90cm土体中的无机氮残留分析显示，常规施肥量下的残留量达到了500 kg/ha以上，减半量施肥有效降低了无机氮的残留，在常规灌溉下减半量施肥可以减低18%，而在减量灌溉条件下可以减低31%。以园区的常规种植管理模式继续进行显然不利于持续发展。通过对0～20cm的根层无机氮残留量分析显示，0～20cm土体中无机氮残留量超过0～90cm土体的一半以上，常规施肥处理甚至到达70%以上，如图4－16所示。这样的分布特点是由有机肥的缓释与矿化程度以及土层中含水量的分布决定的。许多研究表明，在施肥过量的情况下，在土层中大量累积成为外源氮素的主要去向。Screncen（1994）用^{15}N示踪结果表明，有机肥中的N只有18%被玉米吸收，46%的N残留在土中，残留氮素又有87%在0～30cm土层中。巨晓棠（2003）用同样方法得出，在冬小麦/夏玉米轮作体系中，土壤剖面中的硝态氮累积量随施氮量的增加显著升高，作物生长一季后仍有20.9%~48.4%的肥料氮素残留在0~100cm土层中，这些残留的氮素在后茬的利用率不足8%。

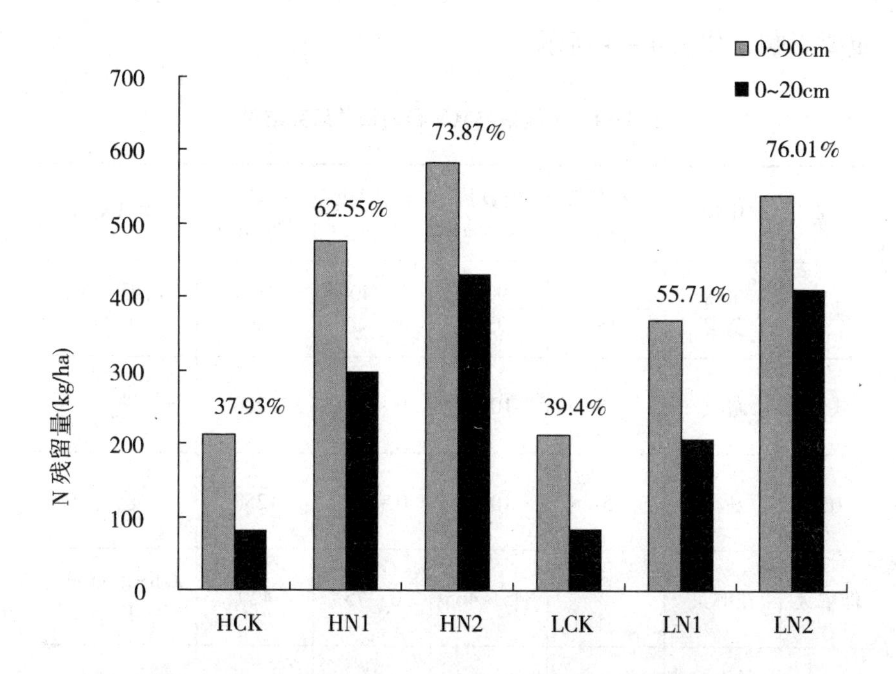

图4-16　0~20cm和0~90cm土体中的氮素残留量比较

有研究表明，我国北方主要粮食作物有机肥利用率一般仅在18%~41%（李东坡，2003），蔬菜作物由于施肥量高，有机肥利用率更低，仅在10%左右。残留在土壤中的有机肥以多种形态存在，如硝态氮、交换性铵、黏土矿物固定态铵、微生物氮、进入土壤易矿化有机组分中的氮和土壤稳定组成中的有机氮。在一般情况下，残留氮的大部分以有机形态存在，但在高施氮量的条件下，残留氮以硝态氮的形态残留比例提高（陈子明，1995）。

在北方旱作条件下，施入的有机肥在土壤中会迅速转化为硝态氮，因此，收获后土壤中累积的氮素绝大部分以硝态氮的形态存在。种植年限的延长与施氮量的增加对土壤中硝态氮的累积量有重要影响，如表4-4所示。

表4-4 土壤硝态氮累积的相关研究结果

地点	作物	种植年限（年）	施氮量（kg/ha）	土层深度（cm）	积累量（kg/ha）	文献来源
陕西	果树 蔬菜	8 15	900 750	0~400 0~40	3414 1362	吕殿青等，1998
陕西	蔬菜	15	1000	0~400	1288	袁新民等，1999
山东	辣椒	5	1000	0~400	1258	朱建华，2002
加拿大	花椰菜		345~465	0~75	420	Zebarth et al.，1995
美国	黑麦-番茄	3	90~180	0~120	127-316	sainju et al.，1999

氮素平衡随施肥量的增加而不断被提高，常规施肥量下的表观平衡高达1400kg/ha以上，而在此基础上减半量施肥也未能维持平衡，氮素平衡值也提高到了470kg/ha以上。大量氮素盈余，最低的也超过了640kg/ha。盈余值越高，施肥效率就越低，0~90cm土体中氮素损失的可能性也越大。

秋后以及冬季的低温和作物的吸氮能力是造成氮素盈余的主要因素。如图4-17所示：第一次施肥后，从2007.8.31—

2008. 3. 29 期间，施肥区的氮素盈余量超过了后两次施肥后的氮素盈余总量。特别是 HN1 处理，试验前后相差为 164. 05kg/ha。土壤氮素矿化也对盈余有较大影响，2007. 8. 31—2008. 3. 29 期间，土壤氮素被固定，没有矿化。由此可见，充分利用冬季的种植期，提高温室温度，种植吸氮量较大的作物，是改善填闲的良好措施。

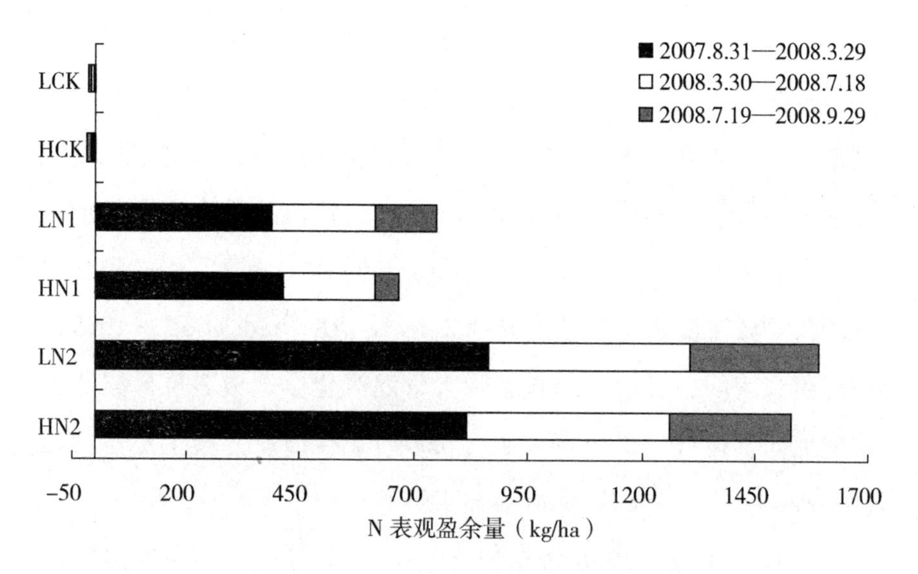

图 4－17 各处理区氮素的表观盈余变化

4. 7. 2 磷素的表观平衡状况

本试验使用的有机肥大部分来源于鸡粪，含磷量很大，而且试验前的基础土样中 0～20cm，20～40cm 土层的速效磷的含量极高，施肥使 0～40cm 土体中的速效磷累积超过试验前的 3 倍以上。随着有机肥的大量投入，速效磷在 0 ~ 40cm 的土体中大量累积，常规施肥处理下的磷素平衡超过了 1400 kg/ha（如表 4 – 5 所示）。

许多研究都表明，施肥是造成菜园土壤表层磷素累积的主要原因（王柳等，2003；马文奇等，2000；Tunney et al.，1997）。磷易被土壤固定，所以利用率低，一般不超过 25%，残留量大（Pierzynski et al.，2000）。磷的迁移能力很低，在土体中向下迁移的量极小，主要是随径流流失（Karlen et al.，1997）。在设施菜地中，只要管理得当，完全可以阻断径流流失，将磷素保留在土体中。但是英国洛桑（Rothamsted）试验站的研究表明，当土壤中有效磷增加到一定程度如为 60 mg/kg 时，淋失水中的磷含量剧增，导致渗漏水中 P 浓度高达 2mg/L（Heckrath et al.，1995）。还有研究表明，长期大量施肥和大量灌溉也会造成表层磷素不同程度地向下运移（Borling et al.，2004），在沙质土壤上更是突出（Schwab et al.，1989；Sims et al.，1998）。

爱尔兰环境保护协会（EPA）把土壤 Morga 磷临界值定为 15mg/kg，相当于 60mg/kg P_2O_5。从表 4 – 5 和图 4 – 13 中均可看到，施肥使土壤中的磷含量均已超过了这个标准。在作物吸收磷素较小的菜地种植中，大量的磷素残留不仅是威胁环境安全的高风险因素（Stork et al.，2004），而且影响蔬菜本身的磷素营养状况，对整个植株生长发育产生不良影响（黄志刚等，2000），使植物对 Cu，Zn，Mn 等元素的吸收增加。

表4-5 不同处理下0~40cm土层磷的表观平衡

处理	试验前含量（mg/kg）	投入（kg/ha）	作物吸收（kg/ha）	试验后含量（mg/kg）	表观平衡（kg/ha）
HCK	40.07	—	87.57	33.21	-87.57
HN1	40.07	800.00	121.78	161.5	678.22
HN2	40.07	1590.00	106.10	244	1483.90
LCK	40.07	—	115.15	33.84	-115.15
LN1	40.07	800.00	94.92	139.15	705.08
LN2	40.07	1590.00	121.82	253.6	1468.18

4.7.3 钾素的表观平衡状况

0~40cm土体中的有效钾库存量极大，虽然作物对钾的吸收量也比较高，即使不使用肥料，种植后土壤中的钾素含量与试验前并无多大减少，足以支持下一年的需要。施肥使0~40cm土体中的速效钾含量迅速地提高，导致作物对有机肥中钾素的利用率不足9%。

表4-6 不同处理下0~40cm土层钾素的表观平衡

处理	试验前含量（mg/kg）	投入（kg/ha）	作物吸收（kg/ha）	试验后含量（mg/kg）	表观平衡（kg/ha）
HCK	136.35	—	227.83	131.75	-227.83
HN1	136.35	350	251.17	201.2	98.83
HN2	136.35	690	267.27	271.3	422.73
LCK	136.35	—	225.90	137.8	-225.9

续表

处理	试验前含量（mg/kg）	投入（kg/ha）	作物吸收（kg/ha）	试验后含量（mg/kg）	表观平衡（kg/ha）
LN1	136. 35	350	256. 38	215. 75	93. 62
LN2	136. 35	690	316. 49	295. 55	373. 51

4.8 小结

综上所述，经过小油菜－香菜－番茄－黄瓜的轮作，在有机种植条件中的不同水肥管理条件下，土壤的养分变化有以下特点：

（1）减量灌溉在小油菜－香菜－番茄－黄瓜的轮作时分别为300mm，300mm，700mm，900mm，相比华北一带的设施蔬菜种植中灌溉量偏大（陈清等，2003；汤丽玲等，2005）。减量灌溉和常规灌溉两种条件下，0～200cm 土壤中的水分含量在种植期内都能保持在10～20%，能保证各种养分的快速运移。0～90cm 土层中含水量稍低于90～200cm 土层，减弱了养分从90cm 向200cm的向下迁移能力。土壤中的养分在水分充足的情况下运移、运动速度快而自由，导致在试验中，相同施肥条件下，不同灌溉处理对硝态氮、铵态氮、速效磷、速效钾在相同土层中的含量影响不大。

（2）不同水肥处理对0～20cm，20～40cm 土层中有机质含量的影响不大，试验前后的变化很小，各处理间的差异不显著。不同施肥量对0～20cm土壤中全氮含量的影响随种植茬口的增加而逐渐呈现出不同差别，但没有达到显著水平。不同施肥量对20～40cm土壤中全氮含量的影响不如0～20cm层明显。不同灌溉量处理对0～20cm，20～40cm土壤中全氮含量的影响也不大。

（3）本试验中铵态氮在土壤中的含量在1.16～5.65 mg/kg之间。各处理之间、0～200cm土层的各层次之间的铵态氮含量相差不大。不同水肥处理没有对铵态氮含量造成明显的影响。施肥对0～60cm土层中硝态氮含量的影响巨大，不同施肥量对0～20cm土层的硝态氮含量有显著的正相关关系，20～40cm土层的硝态氮含量低于试验前，硝态氮含量随施肥量的增加有不同程度的回升；不同施肥量对60cm以下土层中硝态氮含量影响不大，与试验前相比变化幅度不大。不同灌溉量对0～20cm土层中硝态氮含量的影响随施肥量的增加而增大，但没有达到显著性水平，而且对20cm土层以下的硝态氮含量影响很小。

（4）有机肥作为一种缓效的完全肥料，养分释放程度受土壤生物条件、气候、耕作方式、作物种类的影响很大。在本研究的种植体系中，减半量施肥处理投入的有机肥中N，P_2O_5，K_2O含量分别为1.04，0.8，0.35t/ha，常规施肥处理的N，P_2O_5，K_2O含量分别为2.08，1.6，0.7t/ha。供应的养分远远超过了作物的吸收量，造成大量养分在土壤中残留。

（5）通过对无机氮的平衡分析发现，施肥造成无机氮在土壤中大量残留，而且施肥造成的无机氮残留主要发生在0～20cm土层；相对于常规施肥处理，减半量施肥能有效降低无机氮的残留。无机氮的大量残留对后一茬作物的生长和产量有密切的正相关性，也对提高氮素的利用率有明显影响。在表层大量残留的无机氮在短时期内向60cm以下土层迁移尚不明显。

（6）施肥是造成无机氮表观平衡值增加的主要原因。常规施肥处理下氮素总投入高达2083.72 kg/ha，远远超出作物生长所需，造成无机氮表观平衡值超过1400 kg/ha，减半量施肥处理下的无机氮表观平衡值可下降到454.90kg/ha，节约了肥料成本并且在保证良好经济收益的前提下（表3－3）可有效地维持较低的氮素平衡值，减低氮素污染的环境风险，有利于菜地的持续利用。

（7）不同施肥处理对0～20cm和20～40cm土层的速效磷和速效钾含量均造成了显著性差异。试验前菜园土壤的磷钾含量较高，能满足作物生长所需。由于有机肥中的磷钾含量也很高，因此，在投入有机肥的同时，必然也提高了土壤中的磷钾含量。尤其是常规施肥条件下，磷钾的累积飞速上升，0～40cm土体中磷的累积超过1300 kg/ha，表层0～20cm速效磷的浓度超过400 mg/kg，0～40cm土体中钾的累积超过1400 kg/ha，表层0～20cm的速效钾浓度超过300 mg/kg。虽然设施菜地可以完全避免径流流失，但大量的磷钾累积，对土壤养分平衡状况、作物的生长、蔬菜的品质都会产生不良影响。

第5章

不同水肥配置下的环境效应

菜园土壤已经成为我国农业氮素面源污染的主要来源之一。长期的大量施肥已经超出了作物的需求量和土壤固持能力，不仅影响了蔬菜的品质，还导致 NO_3^- -N 随降水和灌溉水淋洗到土层深处，在根区以下土层积累（Nectoson，2001）；或者经其他形式进入大气（王东等，2006；Havlikova et al.，2008；Evanylo et al.，2008），容易对生态环境带来不利影响。有调查表明，在我国集约化蔬菜产区普遍存在地下水硝酸盐严重污染现象，过量施氮是造成地下水中 NO_3^- -N 含量增加的主要原因。

土壤重金属污染是全球普遍存在的严重环境问题，我国目前重金属污染的农田面积已超过2000万公顷以上，占总耕地面积的1/6，而且有逐年扩大的趋势。重金属污染具有长期性和隐蔽性，受到重金属污染的菜地对蔬菜中重金属累积有显著的正相关性，严重降低了蔬菜的安全性，并且很难在短时期内得到恢复。不合理的施用有机肥是引发菜地重金属污染的一个重要原因。由于我国的养殖业中，存在大量使用添加剂、加工饲料饲养等现象，养殖业产生的有机肥料中含有大量的重金属。这些有机肥料是菜地的主要肥源。但目前尚无从有机肥中去除和钝化重金属的有效方法。因此，有机肥的大量使用，对菜地重金属污染构成了潜在的巨大威胁。

从理论上讲，有机种植的兴起对减缓农田环境污染有一定的积极作用，但在有机种植中，对养分的投入量没有明确的限定，有机产品的价格昂贵，种植者在高收益的刺激下，对有机种植章程中允许的肥料大量投入，由此带来的养分过量残留、重金属累积等环境问题也是不容忽视的。不恰当的水肥管理模式将直接影响蔬菜产区的可持续发展。本节针对我国目前在有机种植中普遍存在的大水大肥的水肥管理方式，探讨在减少水肥投入的管理下，两种管理方式对环境的影响。

5.1 不同水肥配置下的氮素淋溶损失

氮是动植物的必需元素，绝大多数农作物在一般土壤上生长，都需要补充氮以获得高产。但是，目前蔬菜生产中氮肥用量都远远高于蔬菜作物本身的氮素需求。每季蔬菜化肥的单位面积施用水平远高于西欧国家，大多数已经超过作物养分带走量的数倍。多余的氮素会不断地向深层淋溶进入地下水，对生态环境构成威胁。氮流失问题日益凸显，造成了肥料氮的利用率降低，而且未被作物利用的残留部分在降雨和灌溉水的作用下，直接以化合物的形式（如尿素），或以可溶性的 NO_3^-，NO_2^- 和 NH_4^+ 形式淋失到土壤下层，污染浅层地下水。

有机肥具有肥力持久、养分释放缓慢、成分复杂等特点，因此，有机肥中氮素淋洗不同于化肥，本节从试验中的淋溶液无机氮含量、淋溶液体积、淋洗量以及淋失系数等方面探讨有机肥的淋溶特征。

5.1.1　不同水肥配置下淋洗液中无机氮浓度变化特征

有机肥中氮素淋失主要是以 NO_3^- -N 的形式淋失到地下，淋溶液中 NH_4^+ -N 的含量极少。所有收集到的淋溶液中，NH_4^+ -N 的含量最大为0.55 mg/L，如表5-1，5-2所示。因此，对有机肥中的氮素淋溶没有多大的影响。NO_3^- -N 浓度在各处理之间的变化很大。第一次施肥后，各处理区淋溶液中 NO_3^- -N 浓度在13.36~14.43mg/L之间，差别不大。在试验前，试验用地为农场使用多年的菜地，土壤肥力分步均匀。第一次施肥后，只进行了6次灌溉，收集到3次淋溶液。使用的有机肥尚未完成硝化作用，即使有机肥完全矿化，肥料中的 NO_3^- -N 随灌溉水向下淋溶也需要一段时间。由此可以推测，淋溶液中 NO_3^- -N 主要来源于土壤剖面原有的残留氮素。第二次施肥后，各处理区的 NO_3^- -N 浓度开始出现显著差别。施肥量显著影响 NO_3^- -N 含量；在相同的施肥条件下，减量灌溉下各处理高于常规灌溉下的相应处理。LN2、HN2 处理下 NO_3^- – N 平均浓度较大，与 CK 处理有显著区别。LN2 的最高浓度达到 89.49mg/L，与 HCK 处理下最低的 17.2mg/L 之间相差 69.29mg/L。N1 处理介于 N2，CK 处理之间，与两者均未形成显著差别。第三次施肥后，各处理的 NO_3^- – N 浓度开始下降，HCK 下降为 16.72mg/L，明显低于其他 5 个处理。其他处理间的差别较小，在 20 ~ 30mg/L 之间。随着种植时间的延长，各处理淋溶液的 NO_3^- – N 浓度总体上呈现上升趋势。试验后期淋溶液 NO_3^- – N 浓度高于试验前期，而且，施肥量越大，浓度越高。从整个种植期间各处理的总平均 NO_3^- – N 浓度上也是如此。HN1 与 HN2，LN2 之间差别显著，说明在常规施肥的基础上减半量施肥对控制淋溶液中 NO_3^- – N 浓度有明显的效果。

表 5 – 1　不同处理下淋溶液中硝态氮浓度变化特征（mg/L）

日期	HCK	HN1	HN2	LCK	LN1	LN2
2007.8.31—2008.3.29	13.45 ± 1.4a	13.53 ± 0.9a	13.96 ± 0.9a	13.36 ± 2.9a	14.43 ± 1.0a	14.22 ± 0.3a
2008.3.29—2008.7.18	22.56 ± 1.8b	41.24 ± 9.1ab	56.08 ± 12.8a	26.08 ± 7.8b	46.30 ± 10.5ab	61.57 ± 11.2a
2008.7.18—2008.9.29	16.72 ± 4.0b	21.92 ± 13.2a	26.92 ± 6.8a	20.46 ± 15.1a	21.50 ± 12.1a	27.60 ± 4.3a
总计	18.53 ± 4.7b	28.4 ± 16.2b	36.64 ± 24.2ab	21.5 ± 7.7b	32.13 ± 19.5ab	41.24 ± 17a

注：同行中不同字母表示 5% 水平差异显著。

表5-2 不同处理下淋溶液中铵态氮浓度变化特征（mg/L）

日期	HCK	HN1	HN2	LCK	LN1	LN2
2007.8.31—2008.3.29	0.38	0.34	0.45	0.34	0.35	0.4
2008.3.29—2008.7.18	0.33	0.26	0.29	0.26	0.27	0.38
2008.7.18—2008.9.29	0.28	0.24	0.31	0.27	0.3	0.29
总计	0.32	0.33	0.27	0.28	0.36	0.3

5.1.2 不同水肥配置下淋洗液体积变化特征

淋溶液中的NO_3^--N浓度与淋溶液体积也有密切关系。如表5-3所示，第一次施肥期间为8月31日至次年3月22日，正值秋冬时节，气温不高，土壤的水分蒸发量较小，特别是冬季，土壤中的水被冻结，灌溉后水分往下迁移的量较多。其间的作物为小油菜和香菜，需水量不大。试验地为潮土，土层中砂粒较多，易于水分渗漏。因此灌溉后，渗漏到90cm地下的水量较大，平均每次收集到的淋溶液都在5L以上。如此大的水量稀释了淋洗下来的NO_3^--N浓度。因此，第一次施肥后各处理NO_3^--N含量普遍不高的原因可能与淋溶液体积有关。第二次施肥后，气温开始上升，土壤表面蒸发的水量加大，而种植的番茄对水分的需求巨大。因而，即使是在灌溉量非常大的情况下，每次收集到的渗漏水量也远远小于第一次施肥期间，各处理均不超过1.3L。作物、土壤表层对水分的蒸腾与水分向下渗漏的运移方式相互作用，在土壤的毛细管作用下，水分可以充分地与土层中NO_3^-离子交换而淋洗到地下。因此，这期间各处理 NO_3^- -N 浓度非常高。第三次施肥期间情况与第二次施肥期间相类似，只是渗漏水量有所加大，这与作物的需水量变化有一定关系。第二、第三次施肥期间的结果同时也证明，淋溶液中 NO_3^- -N 浓度不仅受施肥量的影响，灌溉量也是重要的影响因素之一。

表 5-3 不同处理下淋溶液体积变化特征（L）

日期	平均体积			总体积
	2007.8.31—2008.3.29	2008.3.29—2008.7.18	2008.7.18—2008.9.29	
HCK	7.3	1.29	3.2	45.64 a
HN1	8.37	1.15	3.09	47.45 a
HN2	6.83	1.22	2.77	41.65 a
LCK	5.8	0.82	3.15	31.78 b
LN1	8.2	0.65	3.18	38.02 b
LN2	6.6	0.79	2.63	32.44 b

注：同行中不同字母表示5%水平差异显著。

5.1.3 不同水肥配置下氮素的累积淋洗量

本试验对有机肥和灌溉都进行控制，一年来的结果显示（如表5-4 所示），LCK 淋失量最小，为 27.05 kg/ha；HN2 淋失量最大，为 59.8 kg/ha，显著高于其他处理，是 LCK 处理的 2 倍多。在相同的灌溉量处理下，施肥量对氮素淋失有显著影响，随施肥量的增加，氮素的淋失也增大：CK，N1，N2 三种施肥量处理之间的差别都达到显著性差异。

灌溉是造成氮素的淋失最重要的因素。即使是不施肥，减少灌溉量也能使淋洗量从 36.07kg/ha 下降到 27.05kg/ha。随着施肥量的加大，LCK 与 HCK、LN1 与 HN1、LN2 与 HN2 之间的相互差额也逐渐加大，分别为 8.62，10.23，17.89kg/ha，在相同的施肥量处理条件下，减量灌溉下的氮素淋失显著低于常规灌溉。而且，HCK 处理下淋失的氮素总量高于 LN1 处理，HN1 高于 LN2。由此可见，灌溉比施肥更能影响土壤中的氮素淋失，降低灌溉量比减少施肥量更能减少氮素淋溶损失。

表 5－4　不同处理下氮素的累积淋洗量（kg/ha）

处理方式	2007.8.31—2008.3.29		2008.3.29—2008.7.18		2008.7.18—2008.9.29		总计	
	淋洗量	淋失系数	淋洗量	淋失系数	淋洗量	淋失系数	淋洗量	淋失系数
HCK	14.6	—	7.71	—	13.76	—	36.07 c	—
HN1	18.2	0.42	21.15	1.86	20.46	1.29	45.29 b	0.88
HN2	15.26	0.15	14.74	1.95	15.3	0.59	59.80 a	1.18
LCK	11.83	—	6.4	—	8.83	—	27.05 d	—
LN1	18	0.74	10.49	0.57	13.42	0.88	35.42 c	0.8
LN2	14.77	0.73	10.78	1.21	9.88	0.4	41.91 b	0.74

注：同列中不同字母表示 5% 水平差异显著。

从三次施肥后，淋溶液体积与氮素淋洗量的关系上，也能看出这一点。LCK 处理下，每季收集到的淋溶液体积均最小，而氮素淋溶量也最小。第一、第三次施肥期间收集到的淋溶液体积较大，超过第二次施肥期间收集到的淋溶液体积，虽然第二次施肥期间淋溶液中氮素浓度远远高于这两次，但是氮素淋失量也不如第一、第二次（除 HN1 处理稍大外）。

从氮素的淋失系数上看，也体现灌溉量对氮素淋失的重要影响，在相同的施肥量条件下，减量灌溉下的氮素淋失系数小于常规灌溉。常规灌溉下增加施肥量，氮素淋洗率也增加；而减量灌溉条件下，氮素的淋洗率相差不大。

农田土壤中氮素淋失是氮素损失的重要途径之一，在各种形态的氮素中，NO_3^- －N 很难被土壤颗粒所吸附，是土壤转化、迁移过程中最活跃的氮素形态。硝态氮淋溶大小也受许多因素的制约。NO_3^- －N 在土壤剖面的残留与累积除与施肥、降水、灌溉有密切关系外，还受耕作方式、土壤和植物等自然因素的影响。土壤剖面中 NO_3^- －N 的存在和水分的垂向运动是影响土壤溶液 NO_3^- －N 浓度分布的两个主要因子，氮肥施用和降雨（灌溉）分别增加土壤剖面中 NO_3^- －N 和水分含量，它们共同影响土壤中 NO_3^- －N 向下迁移。由于水是 NO_3^- －N 在土壤中移动的载体，是 NO_3^- －N 淋失的驱动力量，土壤中 NO_3^- －N 的运动一般与水分同步或略滞后（郭胜利等，2003）。随着土壤水分减少，NO_3^- －N 淋失也有可能相应减少。土壤干旱时，表层蒸发促使水分上移，NO_3^- －N 随之上升；土壤湿润时，NO_3^- －N 随水分下渗而下移，在饱和水流条件下引起氮的淋失（Havlikova et al.，2008）。

当降雨量和灌溉量超过田间饱和持水量时，NO_3^- －N 将随着水流向下淋失。在本试验中，由于过量投入有机肥，大量氮素不能被当季作物吸收利用而富集在土壤中。旱地土壤中硝化作用强烈，残留在土壤中的无机氮主要以 NO_3^- －N 的形式存在，极易随土壤水向下迁移，一旦被淋溶到作物根区以下，就很难再被作物吸收利用。深层土壤反硝化过程微弱，一般情况下 NO_3^- - N 很难转化为其他形态的氮，只能随着土壤水分的向下运动而迁移，构成对地下水污染的潜在威胁。据统计（朱兆良等，2006），农田生态系统中氮素损失严重，水田氮肥损失一般为30% ~70%，旱田氮肥损失一般为20% ~50%；我国北方施入农田中的氮肥大约有30% ~50%通过淋溶进入地下水（寇长林，2004）；其中土壤中 NO_3^- - N 的淋失是氮素损失的重要途径之一，而且也是导致地下水资源氮素污染的重要原因。

据调查，我国许多地方的地下水硝酸盐含量呈上升的趋势，一些地区的地下水硝酸盐含量超标现象严重。调查表明，京、津、唐地区69个观测点地下水中，半数以上 NO_3^- - N 含量超过饮用标准（NO_3^- - N 含量不高于10mg/kg），高者可达67.7mg/kg。华北14个县市的调查结果显示，69个点的地下水硝酸盐含量有50%超标，其中，最高含量达300 mg/L（朱兆良等，2006）。王朝辉（2002）在山东省莱阳市露地蔬菜生产基地和寿光市保护地蔬菜生产地对111个地下水的测定结果表明，在6 ~12m 深的井水样品中，有84%的水样硝酸盐含量超标；在20 ~30m 深的井水样品中，有32%的硝酸盐含量超标。同延安（2005）在日光温室10m处地下水 NO_3^- - N 含量最高可达142mg/L；如果以国家饮用水标准中对 NO_3^- - N 限制含量作为标准（20mg/L），山东惠民日光温室蔬菜种植区地下15m内的浅层地下水 NO_3^- - N 超标的比例为99%（Ju et al.，2006）。国内许多地下水硝酸盐含量调查结果一致表明，地下水硝酸盐含量的超标比例有增加的趋势，而且蔬菜保护地面积大、密度高的种植区周围的地下水硝酸盐含量的超标比例要高于蔬菜保护地面积小、密度稀的地区。张维理等（1996）认为，在华北地区，年施氮量超过 500 kg/ha 而且作物吸收不足氮素用量 40% 时，一般地下水硝态氮含量都要超标。Hall 等（1993）甚至还发现地下水硝酸盐含量变化动态与氮肥投入表现有相似变化趋势，只是在时间上延迟 4 ~ 19 个月。

适量有机肥可对化肥中的 NO_3^- – N 产生吸附、固定作用，减少 NO_3^- – N 的形成，改善土壤理化性状，培肥地力。不适当施用有机肥和农业生产当中有机肥资源管理处置不当，都可能引发生态环境问题。有机氮有较长后效，施用后的两三年期间也可以大量释放 NO_3^- – N（Hansen，1996），虽然通过堆肥等措施使有机肥腐熟，可以提前将养分释放，但其最大释放期与植物对氮素最大需求期不一致，植物不能全部利用，造成氮素大量累积，最终必然通过矿化进入环境之中。

张维理（2006）等的调查研究表明，即使不施用化学氮肥而大量施用有机肥，也会引起地下水硝酸盐含量升高，如唐山市北区甄子村的菜地大量施用有机肥料，基本不施化肥，其地下水硝酸盐含量仍高达 180 mg/ha。同延安等（2004）进行了有机肥对土壤NO_3^- – N 累积影响的试验，结果表明过量施用有机肥会引起 2m 以下深层土壤 NO_3^- – N 大量累积，对地下水的潜在威胁不容忽视。土壤中残留大量的 NO_3^- – N 对环境是极不安全的。袁新民（2000）对施用有机肥的五块菜地土壤中 NO_3^- – N 的累积观测发现，在12月蔬菜收获后0~4m土层NO_3^--N积累量都超过1000kg/ha，而且40%~75%被淋溶到2m以下土层。即便在黏质土壤上，长期施用厩肥在降雨量较大或灌溉情况下，NO_3^-可淋洗到1.5m之下，其平均淋失量与厩肥施用量呈线性关系，并确定引起硝酸盐淋失的厩肥的临界用量为13.77t/ha。Yadav（1997）也发现，约68%残留在非根层土壤剖面中的NO_3^--N和20%残留在根层土壤中的NO_3^--N进入地下水。

英国Rothamsted试验站的试验表明（Sprent，1999），在长期施用有机肥（氮238kg/ha）的小区，不论是否施用无机氮肥，地下水中NO_3^--N的浓度以及硝酸盐的淋失量均比只施用无机氮肥的高。洛桑130年的试验也表明，施用有机肥易使土壤中无机氮过高，而且有机肥有机氮矿化分解缓慢，而易分解态有机氮的养分释放时间又往往与作物对养分的需求趋势不一致，这将对环境构成潜在威胁（Leigh，1998）。

20世纪90年代初期在瑞典开展的一系列长期淋洗试验中，除了有些年种植绿肥外，有机农业与常规农业都采用了相同的轮作制度，在两种农业系统中的施氮量几乎相同（如表5-5所示）。在这些试验中，无论是沙土还是黏土，按每公顷耕地面积和单位收获的氮素养分计算，从有机农业系统中淋失的养分比常规农业高得多，进入排水中的氮磷也高得多。这些试验表明，如果基本不考虑比较研究中由于不同轮作制度和施氮量而产生的差异，从有机农业系统中单位面积流失的氮量并不低。

表 5-5 瑞典常规农业与有机农业长期试验中氮素淋洗比较（kg/（ha·年））

	有机农业			常规农业		
Halland 点	投入	流失	淋溶	投入	流失	淋溶
种植业	66	30	43	99	79	29
种植和养殖业	120	105	35	113	71	26
Vastergotland 点	投入	流失	淋溶	投入	投入	淋溶
种植业	105	42	20	113	85	3
平均	97	59	33	108	78	19

数据来源 Torstensson et al.，2006。

由此看来，合理的水氮投入，尤其是降低氮素的施用量对降低土壤 NO_3^- -N 淋溶是一种从源头控制的有效措施。过量施氮造成地下水硝酸盐含量增加的现象在我国集约化蔬菜产区普遍存在，直接影响了蔬菜产区的可持续发展。

5.2 土壤中的重金属累积

环境污染研究中所说的重金属主要是指汞、镉、铅、铬、镍、铜、锌以及类金属砷等生物毒性显著的元素，其对生物及人类产生的不利影响已被研究所证实。土壤重金属污染是指由于人类活动将重金属加入土壤中，致使土壤中重金属含量明显高于其他自然背景含量，并造成生态破坏和环境质量恶化的现象。蔬菜中的重金属几乎都是来源于土壤中，植物从土壤中吸收后，通过食物链的生物放大作用，进入人体，危害身体健康。

有机肥的使用对增加土壤中重金属含量有重要影响。20世纪80年代以来，随着我国工农业的飞速发展、城市化进程的逐渐加快，人们越来越注重生活质量的提高，尤其重视必不可少的食品的质量和安全。但与发展不协调的是，由此带来的环境污染问题愈来愈突出。我国食品生产基地的环境状况受城市污染源的影响也越来越严重。

从本研究的结果来看，如表5-6所示，有机肥投入量不同程度地影响了土壤中各种重金属的含量。2008年3月25日，小油菜-香菜轮作结束后，各处理区土壤中重金属含量的变化不大，与试验前基本保持在同一水平上。到2008年9月23日，春番茄-夏黄瓜轮作结束后，土壤中各重金属的累积浓度开始出现比较明显的变化。不施肥处理LCK，HCK，与试验前相比，除了HCK处理的镍含量略有提高外，各重金属均有小幅度下降。对土壤中重金属含量的影响不大。在施肥区，Zn，Cr，Cd的含量变动较大，LN2，HN2处理的Zn累积浓度分别比试验前增加了79.86%和83.83%，相对LN1，HN1而言，也分别提高了27.8%和32.7%。镉的含量也比试验前大大提高，LN2增加的幅度最大，比试验前提高了76%，其他的施肥处理增幅也都在40%以上。

表5-6 不同处理土壤表土的重金属含量（mg/kg）

试验批次	全镉 Cd	全铬 Cr	全铅 Pb	全汞 Hg	全砷 As	全铜 Cu	全锌 Zn	全镍 Ni
土壤限量标准（pH>7.5）	0.4	250	50	1	25	100	300	60
试验前	0.146	76.8	30	0.083	5.69	37.1	98.3	33.1

续表

试验批次		全镉 Cd	全铬 Cr	全铅 Pb	全汞 Hg	全砷 As	全铜 Cu	全锌 Zn	全镍 Ni
2008.3.25	HCK	0.146	75.7	23.9	0.05	5.61	35.8	98.7	34.1
	HN1	0.153	80.5	25.1	0.05	5.74	36.2	102.6	39.4
	HN2	0.157	80.4	27.9	0.042	5.7	47.3	107.1	39.2
	LCK	0.149	78.6	24.9	0.05	5.84	38.8	98.7	39.7
	LN1	0.149	83.1	27.4	0.073	5.68	37.3	102.6	34.4
	LN2	0.155	81	26.9	0.096	6.3	36.7	109.5	32.4
2008.9.23	HCK	0.136	69.9	26.9	0.058	5.09	37.6	92.4	36.6
	HN1	0.204	85.7	28.6	0.046	6.03	38.7	133.2	39.7
	HN2	0.218	92.6	29.1	0.073	6.91	37	176.8	41.9
	LCK	0.139	73.3	26.6	0.069	5.18	37	93.2	33.9
	LN1	0.224	94.4	25.1	0.062	6.08	41.7	145.9	35.5
	LN2	0.257	96.2	24.9	0.081	6.74	39	180.7	41.2

各处理的全铬、全铅、全汞、全砷、全镍等重金属含量相对于土壤限量标准（OFDC，2008）而言还是比较低，处于安全范围（限量的70%以下）。这跟投入的有机肥量与肥料种类有密切关系，本试验使用的有机肥中，全铬、全铅、全汞、全砷、全镍的含量极低，镉、锌的含量较高。因此，对土壤中镉、锌的累积有重要影响。

虽然试验地中各类重金属含量均没有超过有机种植的限量标准，但随施肥量的增加，重金属在土壤中的累积量也在相应增加，特别是Cr，Zn，Cd等有机肥中含量稍高的元素。蔬菜对不同的重金属有不同的吸收特点，有的蔬菜即使在环境中重金属含量不超标的情形下，由于富集吸收作用，也可能使某些重金属在蔬菜中大量累积而超过食用标准。结合表3－7、3－8，对蔬菜中超标的重金属与土壤中重金属含量做相关性分析，结果表明，番茄中镉含量与土壤中镉含量的相关系数为0.94；锌的相关系数为0.89。由此可见，在有机种植中，不仅要对有机肥的重金属含量严格控制，对有机肥的施用量也要适当控制，在种植蔬菜时对蔬菜的种类和品种也应有所选择，以此确保食用蔬菜的安全。

我国北方各大城市如北京、天津、西安、沈阳、济南、长春、郑州等地的土壤都有不同程度的重金属污染。周泽义（1999）认为，城市是重金属污染的源头，距城市愈近土壤污染愈严重；反之愈轻。认为城市郊区重金属污染还与城市的人口密度、土地利用率、机动车密度呈正相关。付玉华等（1999）分析了沈阳市郊部分菜地的土壤污染情况，发现沈阳市郊部分菜地土壤受到以镉为主的多种重金属复合污染，番茄Cd，Pb超标，黄瓜、菜豆、大白菜中Cd，Pb，Hg均超标。庞奖励等（2001）在研究西安市部分菜地土壤的重金属含量时发现铅是主要污染元素，西红柿中Cu，Cd，Hg含量与土壤中该元素含量呈明显的正相关关系。张超兰等（2001）研究发现南宁市郊部分菜地土壤已受到镉、铜、铅、锌的污染，供试点中大部分蔬菜Cd，Pb含量超出了国家规定的蔬菜卫生标准。

施用畜禽粪便常常作为蔬菜生产中一项重要的农艺措施。然而，在畜牧业生产中，由于一些微量元素如Cu，Zn，Fe，As等被广泛应用于饲料添加剂中，一些饲料厂和养殖场普遍采用高铜、高铁、高锌等微量元素添加剂，研究表明，随着饲料中铜和锌添加量的增加，这些重金属的排泄量几乎呈直线上升，铜和锌在粪中排泄量占95%以上。长期施用这类畜禽粪便必将导致菜园土壤和蔬菜的重金属污染。近年来菜农越来越普遍地施用垃圾和污泥堆肥，引起重金属在蔬菜作物体内的积累，特别是蔬菜可食部位重金属的积累，以及长期施用对土壤的积累。污泥肥在青菜种植上的试验表明，青菜中铜、镉、锌和铅含量随污泥堆肥施用量增加呈积累趋势。菜田在施用垃圾堆肥后，菜田土壤重金属含量均高于农业土壤背景值，特别是汞含量高于背景值32倍，铅、镉含量高近2倍（周启星等，2006）。

鉴于重金属污染后果的严重性，在有机种植中土壤一旦受到污染，就被取消有机种植的资格。由于目前尚未出现有效去除重金属的方法，除了对有机肥中重金属含量严格限制外，控制有机肥的投入量是降低土壤重金属污染风险的有效途径。在持续的有机种植中，采取休闲措施，种植一些富集重金属能力强的非食用作物，以消除和缓解重金属累积带来的威胁。

5.3　不同水肥配置下蚯蚓的数量变化

蚯蚓作为土壤动物最大的常见类群之一，是土壤可持续利用的关键生物种，是生态系统的重要物质分解者，其功能的充分发挥是生态系统物质良性循环的有力保证。蚯蚓还是良好的土壤环境指示生物，可用于评价土壤中化学污染物的生态毒性（邱江平，1999），是检测土壤环境的靶标生物。

在本研究中，第四茬蔬菜收获后，对试验地块进行蚯蚓的数量调查，结果如图 5－1 所示。HN2 与 HCK，LCK 两个不施肥区有显著性差别，HN2 的蚯蚓数量最多，为 46 条/m^2，HCK 最少，为 22 条/m^2，LCK 为 23 条/m^2。在所有施肥的处理中，呈现 HN2 >LN2 >LN1 >HN1 的结果，蚯蚓的分布都在 33 条/m^2以上，但所有的施肥区之间均无显著性差别。减半量施肥处理的蚯蚓数量高于不施肥处理，但差异没有达到显著水平。灌溉量对蚯蚓数量的影响不大，在相同施肥条件下，除 HN2 比 LN2 高出 19% 外，HN1 与 LN1、HCK 与 LCK 之间的差别只有 3% 和 7% 的微小差别。这个结果可能是由于蚯蚓在土壤中的分布不均匀，处理区内部的差异较大造成的。另外蚯蚓的活动能力强，可以在不同地块间游移；试验的时间不够长，也对试验的结果产生相当大的影响。

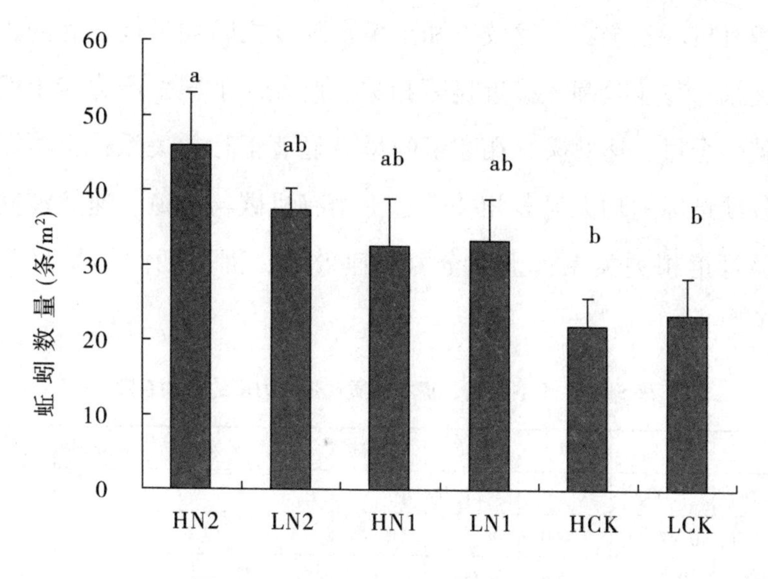

图 5－1　不同处理区的蚯蚓数量变化

蚯蚓可促进微生物与其他土壤动物活动，蚯蚓对土壤环境的物理和化学性质有很大的影响，对微生物的群体结构、数量、活性、分布具有重要调节作用（黄初龙等，2005）。蚯蚓钻洞可提高土壤的孔隙度，改善土壤的通气和结构，保证了其他土壤动物和好氧微生物的氧气和水分需求，同时，为其他土壤动物进入较深土层提供大量通道，增加其他土壤动物活动量和活动范围，加快有机质的分解。同时，蚯蚓会弄碎落叶和影响土壤微植物群，为微生物进一步分解做准备（黄福珍，1982）。蚯蚓还可以提高土壤肥力，其活动对土壤化学性质的改善，对土壤腐殖质的富集，蚯蚓与微生物协同分解有机物，促进C，N，P循环等作用都有利于土壤资源的持续利用。

由表5-7可知，土壤蚯蚓密度与土壤生产力（黄瓜产量）、土壤有机碳、全氮、速效磷和土壤孔隙度之间均呈极显著的正相关关系，与速效钾也接近显著相关。此外，土壤生产力与土壤有机碳、全氮、速效磷、孔隙度间呈极显著正相关关系；土壤湿度与各项指标间均无显著相关性；土壤有机碳与全氮、速效磷间均有显著正相关关系；土壤全氮、速效磷、钾两两间均呈显著正相关。

表5-7　土壤蚯蚓、基本性质及生产力间的相关系数

相关系数	蚯蚓	生产力	湿度	有机碳	全氮	速效磷	速效钾	孔隙度
蚯蚓	1.000							
生产力	0.977**	1.000						
湿度	0.740	0.766	1.000					
有机碳	0.934**	0.955**	0.566	1.000				

续表

相关系数	蚯蚓	生产力	湿度	有机碳	全氮	速效磷	速效钾	孔隙度
全氮	0.922**	0.936**	0.583	0.911**	1.000			
速效磷	0.971**	0.963**	0.736	0.887*	0.950**	1.000		
速效钾	0.807	0.835*	0.559	0.759	0.895*	0.920**	1.000	
孔隙度	0.918**	0.923**	-0.362	0.801	0.788	0.879*	0.663	1.000

注：*和**分别代表显著（$p<0.05$）和极显著（$p<0.01$）相关。

虽然我国有机农业发展较快，但是，有机农业实践对我国农田生物多样性究竟产生何种影响，目前鲜见相关研究的报道（王长永等，2007）。一些研究表明，长期施用有机肥使得土壤孔隙多，通气性好，土壤耕层增厚，土壤中N，P，K和有机质含量提高，土壤中的蚯蚓数也随之增多。本试验的研究结果基本符合上述结论。谢永利（2008）在河北曲周连续5年有机、常规、无公害等三种种植模式下的试验表明，有机和无公害生产模式下的蚯蚓数量要高于常规生产模式下的蚯蚓数，连续种植5年后，有机、无公害和常规生产模式下蚯蚓总数分别为2371条/m^2、835条/m^2和54条/m^2；有机农田比常规农田拥有更多的蚯蚓种群数量。本试验的结果与谢永利的试验结果有巨大差别，原因可能与种植期限、施肥量、土壤理化条件、地域差别等多种因素均有关系。蚯蚓数量的多少与土壤理化性质有很大的相关性，同时受土壤温度和湿度的影响也比较大。不同的水肥处理对土壤的物理化学性质变化产生不同程度的影响。一般认为，蚯蚓比较集中的地块土壤肥力也较高，而土质的改善效果较好，形成良性循环。本研究在此基础上，发现有机种植中不同的施肥量对蚯蚓数量和分布也有影响。由于蚯蚓的活动能力较强，在同一个大棚内，施肥区容易吸引和富集更多的蚯蚓，增大施肥量，对增加蚯蚓数量有明显作用。蚯蚓数量的增加对土壤的改良起到良好的作用。随着种植年限的延长，必然出现良性循环。

设施菜田土壤孔隙度、有机碳、全氮、速效磷和速效钾含量随有机肥施用量的增加而增加，说明施用有机肥对土壤基本肥力有显著提升，这与大多数的研究结果一致（张靓等，2007；王婷婷等，2009；唐政等，2010；周丹等，2011；Lou et al.，2011）。有机肥含有有机碳和各类养分元素，施入后直接增加土壤碳和氮、磷、钾养分的投入，土壤有机碳的增加能够促进土壤团聚性进而改善土壤结构，增加土壤孔隙度和通水透气性能，当然有机培肥下作物根系生长和微生物活动的增强也可促进土壤团聚性。这些土壤基本肥力的提升必然导致番茄和黄瓜产量的提高，特别是黄瓜的产量从减半施肥升至常规施肥水平时仍显著提高。减半施肥处理的番茄产量并不低于常规施肥处理，说明减半施肥下的土壤肥力已经充分满足番茄的生长需求。本研究中，灌溉对土壤基本肥力和蔬菜产量均没有显著影响，说明常规灌溉处理的灌水过多，减量灌溉提供的水分便可满足蔬菜正常生长的需要。通常认为，我国设施菜田的化肥和有机肥施用量普遍过高，而对本研究的有机菜田而言，当下常规的高量有机肥投入是必要的，其显著提高土壤肥力，且黄瓜生产力高于减半施肥，对于有机蔬菜的可持续生产至关重要。

土壤蚯蚓密度受地上植被和土壤温度、湿度、有机质、结构等生物和非生物环境因素的影响（张宁等，2012）。本研究发现，与土壤基本肥力及生产力结果一致，土壤蚯蚓密度对灌溉的响应不明显，说明减量灌溉下的土壤湿度足够适合蚯蚓的生存。而有机肥的施用则显著提高土壤蚯蚓密度，且相关分析结果显示土壤蚯蚓密度与土壤孔隙度、有机碳、全氮、速效磷、钾含量之间呈显著正相关关系，这表明设施菜田有机肥施用条件下，土壤肥力状况的改善有利于蚯蚓的生存，进而导致土壤蚯蚓密度的增加。张宁等（2012）对华北平原盐渍化改造区的蚯蚓种群的调查显示，土壤蚯蚓生物量与土壤有机质和氮、磷、钾养分指标间存在正相关关系。蚯蚓作为土壤生态系统中的重要组成部分，是地上生物与土壤生态传递的桥梁（张宁等，2012；Ngo et al.，2012）。研究表明：蚯蚓能促进土壤微生物的活动和养分循环，从而促进植物生长（Piron et al.，2012；Huang et al.，2014）；蚯蚓的洞穴活动有助于土壤结构改良和植物根系生长（Riley et al.，2008；张池等，2012）；蚯蚓粪便与分泌物可以提高土壤有机质和养分状况，对增加作物产量和维持土壤生产力有积极的作用（张池等，2012；李双喜等，2012）。因此，在本研究中的设施菜田水肥管理下，土壤蚯蚓密度不仅受施肥及土壤有机碳等肥力因子的影响，与此同时蚯蚓的变化可反作用于土壤肥力及生产力，二者可能形成协同变化，本研究的相关分析结果在统计上也支持了这一点。

5.4 本章小结

在当前的有机种植中，有机肥的过量使用给环境带来诸多不良影响。本试验对有机肥的施用量和灌溉量都进行组合调控管理，一年来的结果显示：

（1）有机肥在地下90cm处淋洗下来的无机氮浓度较高，在28.4mg/L以上，淋洗液中无机氮浓度随有机肥施用量的增加而增长，但在相同的灌溉条件下，不同施肥量处理之间没有显著性差别。淋洗液中无机氮浓度随灌溉量的增加而下降，在相同施肥量条件下，不同灌溉量处理之间也没有形成显著性差别。

（2）灌溉对淋溶有较大的累积影响，每茬渗漏到90cm以下的淋溶液的平均体积在两种灌溉量处理下没有显著性差别，但常规灌溉处理下淋溶液的总体积显著高于减量灌溉。淋溶液的总体积差别是影响氮素淋失量的重要因素之一。

（3）在较短时期内，灌溉相比施肥而言，对氮素淋失的影响更大。即使不施肥，常规和减量灌溉下氮素累积淋失量分别为36.07 kg/ha，27.05 kg/ha；常规水肥管理下（HN2）氮素淋失量为59.8 kg/ha，在HN2的基础上施肥量减半可使氮素淋失减少14.51 kg/ha；减少1/3灌溉量可使氮素淋失减少17.89 kg/ha。减少灌溉量减少氮素淋洗的效果要比减少施肥量要好。在常规灌溉条件下，常规施肥处理下有机肥的淋失率为1.18，高于施肥量减半处理的0.88；减量灌溉条件下，常规施肥处理和减半量施肥处理的氮素淋失率分别为0.74和0.8，均低于常规灌溉。因此，通过改进灌溉方式或者减少灌溉量对减低氮素淋洗有很大的改良空间。

（4）长期、大量施用有机肥容易产生土壤重金属累积，是有机肥使用时无法回避的缺点。本试验的有机肥中重金属含量较低，在短时期内还没有出现重金属污染问题。但对于一些作物而言，它们本身就比较容易富集重金属，因此，可食用部分出现部分重金属超标。

（5）在施肥条件下，HN2处理下的蚯蚓数量最多，但与其他各处理之间的蚯蚓数量没有显著差别。

第6章

主要结论与研究展望

6.1　主要研究结论

本研究针对北京市郊有机园艺蔬菜种植中农户习惯的水肥管理，采用水肥调控的手段，利用裂区设计的方法，在常规水肥管理的基础上减半量施肥和降低1/3灌溉量，在日光大棚中进行了小油菜－香菜－番茄－黄瓜的轮作种植试验，研究在不同有机肥施用量与灌溉量管理对蔬菜产量与品质的影响，不同水肥管理下土壤养分的变化特征以及对环境的影响。主要的结论有：

（1）小油菜－香菜－番茄－黄瓜轮作体系中，无论是在常规灌溉管理下还是在减量灌溉下，与常规施肥相比施肥量减半，在前三茬小油菜、香菜和番茄的产量上没有达到显著性差别，也没有获得预期的利润；虽然常规施肥管理下黄瓜的产量显著高于施肥量减半管理，但经济效益仍然低于后者。常规施肥管理下有机肥的利用率也不如施肥量减半管理。试验证明，常规施肥处理的有机肥施用量不合理，投入的有机肥过多，在常规施肥管理的基础上施肥量减半管理是可行的。有机肥的长期性和缓效性可能是造成种植者习惯大量施肥的原因之一。

（2）除蔬菜VC含量随施肥量递增外，在施肥量减半处理下，番茄红素含量、可溶性蛋白含量、可溶性糖类含量、可溶性固溶物含量、糖酸比都优于常规施肥。番茄红素含量是重要的保健型、功能型营养成分，蔬菜中的VC是人体必需的营养物质，可溶性糖、糖酸比对番茄、黄瓜的口感和风味有重要影响，因此，施肥量减半处理下蔬菜的营养品质和口感优于常规施肥处理。

由于长期使用大量的有机肥，试验前土壤中硝态氮和铵态氮的含量较高是造成蔬菜硝酸盐含量超标的主要原因之一。头两茬蔬菜（小油菜和香菜）中的硝酸盐含量均严重超标；通过水肥调控，如常规灌溉下施肥量减半处理，可以成功地抑制番茄、黄瓜中的硝酸盐累积。另外，各水肥管理下小油菜、香菜、番茄（除HN1外）的硝酸盐含量均超标，黄瓜的硝酸盐含量均未超标。在目前试验地的土壤肥力条件下，对不同类型的蔬菜种植中，建议优先选择瓜果类蔬菜种植。

施用有机肥对番茄中重金属含量有一定的影响。八种重金属在番茄中的累积，无论是否超标，都呈现出随施肥量的增加而上升的趋势。黄瓜中也体现出这样的趋势，但没有番茄明显。在各处理区中的番茄果实中，镉、锌的含量均已超过标准，常规施肥处理下的番茄中铬含量超过标准，番茄中三种超标的重金属与土壤中重金属累积量有明显的正相关性；在常规灌溉下，黄瓜中汞的含量超标。在有机肥和土壤中重金属含量都符合有机种植标准条件下，番茄和黄瓜中部分重金属含量超标可能与作物本身对某些重金属的吸附能力有关。

（3）减少灌溉量对小油菜、香菜、番茄、黄瓜品质和产量的影响不如降低施肥量的影响显著，原因可能是试验中的灌溉量过大造成的。在试验中，即使是减量灌溉处理，叶菜类也高达300mm/茬，茄果类高达700mm/茬，相比华北一带的设施蔬菜种植中灌溉量偏大。只有改变灌溉方式，采用滴灌、膜下畦间灌溉的方式，才能有效地节约用水量。在减量灌溉和常规灌溉两种条件下，0~200cm土壤中的水分含量在种植期内都能保持在10%~20%，能保证各种养分在水分充足的情况下快速而自由地运移，导致了在试验中，相同施肥条件下、不同灌溉处理对硝态氮、铵态氮、速效磷、速效钾在相同土层中的含量差别不大。

（4）在本试验的种植体系中，减半量施肥处理投入的有机肥中N，P_2O_5，K_2O含量分别为1.04，0.8，0.35t/ha，常规施肥处理的N，P_2O_5，K_2O含量分别为2.08，1.6，0.7t/ha。供应的养分远远超过了作物的吸收量，造成大量养分在土壤中残留。试验前菜园土壤的磷钾含量较高，能满足作物生长所需。由于有机肥中的磷钾含量也很高，因此，在投入有机肥的同时，必然也提高了土壤中的磷钾含量。不同施肥处理对0~20cm和20~40cm土层的速效磷和速效钾含量均造成了显著性差异。尤其是常规施肥条件下，磷钾的累积飞速上升，表层0~20cm速效磷的浓度超过

400 mg/kg；表层0～20cm的速效钾浓度超过300 mg/kg。大量的磷钾累积，对作物的生长、蔬菜的品质都会产生不良影响。

（5）施肥也是造成无机氮表观平衡值增加的主要原因。施肥造成的无机氮残留主要发生在0～20cm土层。常规施肥管理有机肥的施用量大、利用率低，造成无机氮在土壤中大量残留，0～20cm的无机氮残留量在试验结束后超过410.12kg/ha以上；相对于常规施肥处理，减半量施肥能有效降低无机氮的残留，0～20cm土层的无机氮残留量为297.99kg/ha（HN1）以下。在表层大量残留的无机氮在短时期内向60cm以下土层中的迁移尚不明显，土层60cm以下的土层中无机氮含量的变化很小。无机氮的大量残留对后一茬作物的生长和产量有密切的正相关性，也对提高氮素的利用率有明显的促进作用，但也因此降低了蔬菜品质。

常规施肥管理下，经过小油菜－香菜－番茄－黄瓜轮作后，0～90cm蔬菜－土壤体系中无机氮的表观平衡值高达1455.94 kg/ha（HN2）和1477.29 kg/ha（LN2），而施肥量减半处理下的平衡值为454.9 kg/ha（LN1）和470.09 kg/ha（HN1）。在常规施肥量的基础上施肥量减半能在保证氮素供应的前提下较好地维持氮素表观平衡。

（6）有机肥的氮素淋失呈现出一定的滞后性。随着种植时间的延伸，有机肥中的氮素矿化程度逐渐完全，不同施肥量对氮素淋溶的影响越来越明显。在相同的灌溉条件下，施肥量对氮素淋洗量有显著影响。常规水肥管理下氮素的累积淋洗量最大，为59.8 kg/ha，显著高于其他处理。灌溉是造成氮素淋失的最重要的因素，在较短时期内，灌溉相比施肥而言，对氮素淋失的影响更大，控制灌溉量比控制施肥量更能减少氮素淋溶损失。即使不施肥，常规和减量灌溉下氮素累积淋失量分别为36.07 kg/ha，27.05 kg/ha；常规水肥管理下（HN2）氮素淋失量为59.8 kg/ha，在HN2的基础上施肥量减半可使氮素淋失减少14.51 kg/ha；减少1/3灌溉量可使氮素淋失减少17.89 kg/ha。在常规灌溉条件下，常规施肥处理下有机肥的淋失率为1.18，高于施肥量减半处理的0.88；减量灌溉条件下，常规施肥处理和减半量施肥处理的氮素淋失率分别为0.74和0.8，均低于常规灌溉。可见，与减少施肥量的管理相比，通过减少灌溉量来降低氮素淋洗的效果更好。试验中的灌溉量偏大，而且采用当地习惯的漫灌，大量水分被浪费，因此，改进灌溉方式或者进一步减少灌溉量对减低氮素淋洗在当地种植管理中还有很大的改进空间。

（7）长期、大量施用有机肥容易产生土壤重金属累积，是有机肥使用时无法回避的缺点。本试验的有机肥中重金属含量较低，在短时期内还没有出现重金属污染问题。但对于一些作物而言，它们本身就比较容易富集重金属，因此，番茄、黄瓜的可食用部分出现部分重金属超标。

6.2 主要创新点

（1）针对京郊蔬菜有机种植体系，系统地开展了不同有机肥施用量与灌溉量的组合管理，对蔬菜产量和品质、土壤的养分动态变化以及环境效应的研究，对当前的蔬菜有机种植下的农学和环境效应有了新的认识。

（2）深刻揭示了京郊蔬菜有机种植中存在有机肥施用量过多、灌溉量过大的现象。常规水肥管理在产量和经济效益方面都没有取得预期的效果，过量施用有机肥对蔬菜品质带来了一些负面影响；在保证产量和品质的前提下开展节本增效还有很大空间。

（3）初步探明了水肥耦合管理下有机种植土壤养分动态和环境效应。常规水肥管理下有机肥的过量投入，造成大量养分在土壤中过剩，也大大增加了氮素淋失的风险；在目前基础上施肥量减半能在保证氮素供应的前提下较好地维持氮素表观平衡。试验表明减少灌溉量能有效降低氮素淋洗，改进灌溉方式十分必要；长期、大量施用有机肥还容易产生土壤重金属累积。

6.3 研究展望

随着近年来蔬菜种植产业的迅速发展，我国有机肥资源的利用得到很大改善。有机肥在培肥地力、改善蔬菜品质和风味等方面具有重要作用，但有机肥的不适当利用和处置也引发了环境污染，对蔬菜的品质和风味产生不良影响。本试验从产量、品质以及环境效应等方面对当地水肥管理模式下的有机蔬菜种植展开研究，并在常规水肥管理的基础上通过调控施肥量和灌溉量来探讨对有机蔬菜产量、品质和环境效应的影响。从试验结果上看，认为在以下几个方面有必要做进一步的深入研究：

（1）如何改变当地的灌溉方式或者降低灌溉量。漫灌是一种严重浪费水资源的低效灌溉方式，应该采用其他更高效节约的灌溉方式。而在其他灌溉方式和灌溉量上，对有机蔬菜种植的影响值得开展相应研究。

（2）有必要对当地施肥管理进行深入研究，通过施肥量的多梯度试验，借助先进的氮素研究模型来确立最佳施肥方案。进一步研究蔬菜生长期灌溉水量、氮素投入量、氮素损失量与蔬菜产量、品质之间的关系，建立较为简单适用的模型来指导农业生产。

（3）土壤无机氮过剩对蔬菜的生长和产量以及品质的影响需要深入研究，如何合理利用这部分残留的无机氮，避免淋失或者其他方式的损失，是深入研究控制氮素污染的重要一环。使用有机肥不可避免会带来重金属累积，提高了污染环境和食品安全的风险。在不影响种植者经济收入的前提下，通过种植填闲作物来减少土壤中无机氮残留量和重金属含量，是维持有机蔬菜产地可持续发展的有效方法之一。因此，通过种植填闲作物这种方式来提高下茬蔬菜的产量、品质有待于进一步研究，尤其是研究以什么作物作为填闲作物更为合适。

（4）有机肥是一种完全肥料，而蔬菜对氮磷钾的需求量不同，长期使用有机肥必然造成某些元素的过量累积，因此，有必要研究如何通过不同种类的蔬菜轮作，高效充分利用有机肥中的各种养分，或者研究有机肥的养分配置比例，使土壤中的各种养分保持平衡状态。

参考文献

[1] 蔡东联．实用营养师手册 [M]．北京：第二军医大学出版社，2009：310.

[2] 曹志洪．施肥与土壤健康质量 [J]．土壤，2003，35 (6)：450－455.

[3] 陈碧华，郜庆炉，段爱旺，王广印．水肥耦合对番茄产量和硝酸盐含量的影响 [J]．河南农业科学，2007，5：87－90.

[4] 陈清，张福锁．蔬菜养分资源综合管理理论与实践 [M]．北京：中国农业大学出版社，2007：53－67.

[5] 陈清，张宏彦，张晓晟．京郊大白菜的氮素吸收特点及氮肥推荐 [J]．植物营养与肥料学报，2002，8 (4)：404－408.

[6] 陈声明，陆国权．有机农业与食品安全 [M]．北京：化学工业出版社，2006：1－5，25－26.

[7] 丁果．温室蔬菜滴灌灌溉施肥水肥耦合效应的研究 [D]．呼和浩特：内蒙古农业大学，2005.

[8] 杜会英．保护地蔬菜氮肥利用、土壤养分和盐分累积特征研究 [D]．北京：中国农业科学院，2007.

[9] 杜相革，董民．有机农业导论 [M]．北京：中国农业大学出版社，2006：28-32.

[10] 杜相革，王慧敏，王瑞刚．有机农业原理与种植技术 [M]．北京：中国农业大学出版社，2002：3.

[11] 樊军，郝明德，党廷辉．长期定位施肥土壤剖面 NO_3^- -N分布和累积 [J]．土壤与环境，2000，9 (1)：23-26.

[12] 付玉华，李艳金．沈阳市郊区蔬菜污染调查 [J]．农业环境保护，1999，18 (1)：36-37.

[13] 高艳明，李建设，田军仓．日光温室滴灌辣椒水肥耦合效应研究 [J]．宁夏农学院学报，2000，21 (3)：39-45.

[14] 高祖明，张耀栋，张道勇，史瑞和，章满芬．氮磷钾对叶菜硝酸盐积累和硝酸还原酶、过氧化物酶活性的影响 [J]．园艺学报，1989，(4)：56-58.

[15] 葛晓光，徐刚．密度、施肥量和灌水量对甜椒生育及产量的影响 [J]．沈阳农业大学学报，1989，20 (4)：383-389.

[16] 郭胜利，张文菊，党廷辉，吴金水，郝明德．干旱半干旱地区农田土壤 NO_3^- -N深层积累及其影响因素 [J]．地球科学进展，2003，8 (4)：354-359.

[17] 国家环境保护部有机产品认证中心．OFDC 有机认证标准 [S]．2007.

[18] 韩晓日，郑国砥，刘晓燕，孙振涛，杨劲峰，战秀梅．有机肥与化肥配合施用土壤微生物量氮动态、来源和供氮特征 [J]．中国农业科学，2007，40 (4)：765-772.

[19] 郝建强．中国有机食品发展现状、问题及对策分析

[J]. 世界农业, 2006, (7): 1-4.

[20] 何飞飞, 任涛, 陈清, 江荣风, 张福锁. 日光温室蔬菜的氮素平衡及施肥调控潜力分析 [J]. 植物营养与肥料学报, 2008, 14 (4): 691-698.

[21] 何飞飞. 设施番茄生产体系的氮素优化管理及其环境效应研究 [D]. 北京: 中国农业大学, 2006.

[22] 贺超兴, 张志斌, 刘富中. 光温室水钾氮耦合效应对番茄产量的影响 [J]. 中国蔬菜, 2001, (1): 31-33]

[23] 胡承孝, 邓波儿, 刘同仇. 氮肥水平对蔬菜品质的影响 [J]. 土壤肥料, 1996, (3): 34-36.

[24] 黄初龙, 张雪萍. 蚯蚓环境生态作用研究进展 [J]. 生态学杂志, 2005, 24 (12): 1466-1470.

[25] 黄福珍. 蚯蚓 [M]. 北京: 农业出版社, 1982: 21-22.

[26] 黄绍敏, 皇甫湘荣, 宝德俊. 土壤中硝态氮含量的影响因素研究 [J]. 农业环境保护, 2001, 20 (5): 351-354.

[27] 霍建勇, 刘静, 冯辉, 王玉刚. 番茄果实风味品质研究进展 [J]. 中国蔬菜, 2005, (2): 34-37.

[28] 江解增, 许学宏, 余云飞, 陈庆生, 廖启林. 蔬菜对重金属生物富集程度的初步研究 [J]. 中国蔬菜, 2006, (7): 11-13.

[29] 巨晓棠, 刘学军, 张福锁. 冬小麦/夏玉米轮作中NO_3^--N在土壤剖面的累积及移动 [J]. 土壤学报, 2003, 40 (4): 538-546.

[30] 科学技术部中国农村技术开发中心组. 有机农业在中国

[M]. 北京：中国农业科学技术出版社，2006：5－15，296－297，314－315.

[31] 寇长林，巨晓棠，高强，甄兰，张福锁. 两种农作体系施肥对土壤质量的影响 [J]. 生态学报，2004，24 (11)：2548－2556.

[32] 寇长林. 华北平原集约化农作区不同种植体系施用氮肥对环境的影响 [D]. 北京：中国农业大学，2004.

[33] 李伏生，陆申年. 灌溉施肥的研究和应用 [J]. 植物营养与肥料学报，2000，6 (2)：233－240.

[34] 李海华，胡习英，李昕，申灿杰. 郑州市郊部分蔬菜基地重金属污染分析 [J]. 河南农业大学学报，2006，(5)：31－34.

[35] 李红丽，于贤昌，王华森，刘银增，于超. 果菜类蔬菜品质研究进展 [J]. 山东农业大学学报（自然科学版），2007，38 (2)：322－326.

[36] 李会合，郭丹. 不同氮肥用量对萵笋品质的影响 [J]. 北方园艺，2007，(10)：4－6.

[37] 李俊良，刘洪对，张晓晟，王秀峰，陈清. 灌溉方式对露地菠菜的生长及氮素利用的影响 [J]. 植物营养与肥料学报，2004，(4)：398－402.

[38] 李淑仪，郑惠典，廖新荣. 有机肥施用量与蔬菜硝酸盐和重金属关系初探 [J]. 生态环境，2005，14 (6)：307－313.

[39] 李松龄. 有机－无机肥料配施对番茄产量及品质的影响 [J]. 北方园艺，2006，3：3－4.

[40] 李元芳. 微生物肥料及其在蔬菜上的应用 [J]. 中国

蔬菜，2001，5：1－3.

［41］梁国庆，林葆，林继雄．长期施肥对石灰性潮土氮素形态的影响［J］．植物营养与肥料学报，2000，6（1）：3－10.

［42］梁运江，依艳丽，许广波，杨宇，谢修鸿．水肥耦合效应的研究进展与展望［J］．湖北农业科学，2006，45（3）：385－388.

［43］梁运江，依艳丽，尹英敏．水肥耦合效应对辣椒产量影响初探［J］．土壤通报，2003，34（4）：262－266.

［44］刘长海，骆有庆，陈宗礼，廉振民．土壤动物群落生态学与土壤微生态环境的关系［J］．生态环境，2007，16（5）：1564－1569.

［45］刘朝辉．保护地蔬菜土壤养分特征及养分管理的研究［D］．北京：中国农业大学，2000.

［46］刘春香，何启伟，付明清．番茄、黄瓜的风味物质及研究［J］．山东农业大学学报（自然科学版），2003，34（2）：193－198.

［47］刘宏斌，雷宝坤，张云贵，张维理，林葆．北京市顺义区地下水硝态氮污染的现状与评价［J］．植物营养与肥料学报，2001，7（4）：385－390.

［48］刘宏斌，李志宏，张维理，林葆．露地栽培条件下大白菜氮肥利用率与硝态氮淋溶损失研究［J］．植物营养与肥料学报，2004，10（3）：286－291.

［49］刘宏斌，李志宏，张云贵．北京平原农区地下水硝态氮污染状况及其影响因素研究［J］．土壤学报，2006，3（43）：

405 – 413.

[50] 刘宏斌，李志宏，张云贵．北京市农田土壤硝态氮的分布与累积特征［J］．中国农业科学，2004，37（5）：692 – 698.

[51] 刘荣乐，李书田，王秀斌．我国商品有机肥料和有机废弃物中重金属的含量状况与分析［J］．农业环境科学学报，2005，24（2）：392 – 397.

[52] 刘睿，王正银，朱洪霞．中国有机肥料研究进展［J］．中国农业科学，2007，23（1）：310 – 314.

[53] 刘杏兰，高宗，刘存守．有机 – 无机肥配施的增产效应及对土壤肥力影响的定位研究［J］．土壤学报，1996，33（2）：138 – 147.

[54] 刘志扬．美国农业新经济［M］．青岛：青岛出版社，2003：5.

[55] 吕殿青，Ove Emteryd，同延安，张文孝．农用氮肥的损失途径与环境污染［J］．土壤学报，2002，39（增刊）：77 – 89.

[56] 吕家龙，戚文娟．蔬菜品质标准和感官鉴定［J］．长江蔬菜，1992，（6）：3 – 5.

[57] 马强，宇万太，沈善敏，张璐．旱地农田水肥效应研究进展［J］．应用生态学报，2007，18（3）：665 – 673.

[58] 马世铭．世界有机农业发展的历史回顾与发展动态［J］．中国农业科学，2004，37（10）：1510 – 1516.

[59] 马文奇，毛达如，张福锁．山东省蔬菜大棚养分累积状况［J］．磷肥与复肥，2000，15（3）：65 – 67.

[60] 穆兴民. 水肥耦合效应与协同管理 [M]. 北京：中国林业出版社，1999：18-19.

[61] 农业部新闻办公室. 中国农产品质量安全概况. http：//www. aqsc. gov. cn2007] 7] 30.

[62] 农业大词典编辑委员会. 农业大词典 [M]. 北京：中国农业出版社，1998：1514-1515.

[63] 庞奖励，黄春长. 西安污灌区土壤重金属含量及对西红柿影响研究 [J]. 土壤与环境. 2001，10 (2). -94-97.

[64] 邱建军，李虎，王立刚. 中国农田施氮水平与土壤氮平衡的模拟研究 [J]. 农业工程学报，2008，8 (24)：40-44.

[65] 邱建军，任天志. 生态农业标准体系及重要技术标准研究 [M]. 北京：中国农业出版社，2008：17-21.

[66] 邱江平. 蚯蚓及其在环境保护上的应用：Ⅰ. 蚯蚓及其在自然生态系统中的应用 [J]. 上海农学院学报. 1999，17 (3). 227-232.

[67] 邱伟芬，江汉湖，汪海峰. 番茄红素高压处理后抗乳腺癌细胞增殖的研究 [J]. 营养学报，2005，6：121-124.

[68] 任天志. 持续农业中的土壤生物指标研究 [J]. 中国农业科学，2000，33 (1)：68-75.

[69] 任彦，丁淑丽，朱凤仙，卢钢. 钾对番茄果实番茄红素合成的影响 [J]. 北方园艺，2006，(6)：7-9.

[70] 任祖淦，邱孝煊，蔡元呈，李贞合，陈锋，王琳，刘锦秀，郑季钦，严能彬，王龙旺. 施用化学氮肥对蔬菜硝酸盐的累积及其治理研究 [J]. 土壤通报，1999，(6)：265-267.

[71] 沈明珠，翟宝杰，东惠茹．不同蔬菜硝酸盐和亚硝酸盐含量评价 [J]．园艺学报，1982，(4)：41-48.

[72] 沈其荣，沈振国．有机肥氮素的矿化特征及与其化学组成的关系 [J]．南京农业大学学报，1992，15 (1)：59-64.

[73] 施培新．农产品质量标准和监督体系建设 [J]．中国食物与营养，2003，(6)：18-22.

[74] 宋东涛．三种有机肥在土壤中的转化及对有机蔬菜生长效应的影响 [D]．济南：山东农业大学，2008.

[75] 苏华，金宝燕，张福墁，任华中．施肥和灌溉对蔬菜品质影响的研究进展 [J]．中国蔬菜，2005 (增刊)：49-53.

[76] 谭晓冬，董文光．商品有机肥中重金属含量状况调查 [J]．北京环境与发展，2006，(1)：50-51.

[77] 汤丽玲，陈清，李晓林，张福锁．日光温室秋冬茬番茄氮素供应目标值的研究 [J]．植物营养与肥料学报，2005，11 (2)：230-235.

[78] 汤丽玲，张晓晟，陈清，张红彦，李晓林 [J]．蔬菜氮素营养与品质．北方园艺，2002，(3)：6-7.

[79] 汤丽玲．日光温室番茄的氮素追施调控技术及其效益评估 [D]．北京：中国农业大学，2004.

[80] 同延安，Ove Emteryd，张树兰，梁东丽．陕西省氮肥过量施用现状评价 [J]．中国农业科学，2004，(8)：1313-1317.

[81] 同延安，高宗，刘杏兰，朱克庄．有机肥及化肥对娄土中微量元素平衡的影响 [J]．土壤学报，1995，32 (3)：315-319.

[82] 同延安，石维，吕殿青，Ove Emteryd. 陕西三种类型

土壤剖面硝酸盐累积、分布与土壤质地的关系［J］. 植物营养与肥料学报，2005，(4)：448－453.

［83］王长永，王光，万树文，钦佩. 有机农业与常规农业对农田生物多样性影响的比较研究进展［J］. 生态与农村环境学报，2007，23（1）：75－80.

［84］王朝辉，李生秀，田霄鸿. 不同氮肥用量对蔬菜硝态氮累积的影响［J］. 植物营养与肥料学报，1998，(1)：22－28.

［85］王朝辉，宗志强，李生秀. 蔬菜的硝态氮累积及菜地土壤的硝态氮残留［J］. 环境科学，2002，23（3）：79－83.

［86］王东，于振文，于文明. 施氮水平对高产麦田土壤硝态氮时空变化及氨挥发的影响［J］. 应用生态学报，2006，17(9)：1593－1598.

［87］王立刚，李维炯，邱建军，马永良，王迎春. 生物有机肥对作物生长、土壤肥力及产量的效应研究［J］. 土壤肥料，2004，(5)：14－16.

［88］王荣萍，蓝佩玲，李淑仪. 氮肥品种及施肥方式对小白菜产量与品质的影响［J］. 生态环境，2007，16（3）：1040－1043.

［89］王彦杰，詹艳群. 番茄红素功能的研究进展［J］. 黑龙江农业科学，2006，(6)：71－75.

［90］王正银，胡尚钦，孙彭寿. 作物营养与品质［M］. 北京：中国农业出版社，1999：1－30.

［91］吴大付，胡国安. 有机农业［M］. 北京：中国农业科学技术出版社，2007：21－36.

[92] 奚振邦，王寓群，杨佩珍．中国现代农业发展中的有机肥问题［J］．中国农业科学，2004，37（12）：1874－1878.

[93] 席运官，李正方．蔬菜有机与无机生产系统能流、经济流的比较研究［J］．生态农业研究，1999，7（2）：39－42.

[94] 席运官，钦佩，丁公辉．有机与常规稻米品质及安全性的分析与评价［J］．植物营养与肥料学报，2006，12（3）：454－459.

[95] 谢永利．有机、无公害与常规蔬菜生产定位试验比较研究［D］．北京：中国农业大学，2008.

[96] 邢廷铣．畜牧业生产对生态环境的污染及其防治［J］．云南环境科学，2001，20（1）：39－42.

[97] 熊国华，林成永，章永松，郑绍建．施用有机肥对蔬菜保护地土壤环境质量影响的研究进展［J］．科技通报，2005，1（24）：84－90.

[98] 徐明岗，梁国庆，张夫道．中国土壤肥力演变［M］．北京：中国农业科学技术出版社，2006：1－5.

[99] 徐谦，朱桂珍．北京市规模化畜禽养殖场污染调查与防治对策研究［J］．农业生态环境，2002，18（2）：24－28.

[100] 杨科壁．中国农田土壤重金属污染与其植物修复研究［J］．世界农业，2007，(8)：58－61.

[101] 杨玉娟，张玉龙．保护地菜田土壤硝酸盐积累及其控制措施的研究进展［J］．土壤通报，2001，32（2）：66－67.

[102] 杨月英，张福墁，乔晓军．不同形态氮素对基质培番茄生育、产量及品质的影响［J］．华北农学报，2003，18（1）：

86－89.

[103] 尹文英．中国土壤动物［M］．北京：科学出版社，2000：1－3.

[104] 于红梅，龚元石，李子忠．不同水氮管理对蔬菜地硝态氮淋洗的影响［J］．中国农业科学 2005，38（9）：1849－1855.

[105] 于亚军，李军，贾志宽，刘世新，李永平．旱作农田水肥耦合研究进展［J］．干旱地区农业研究，2005，23（3）：220－224.

[106] 虞娜，张玉龙，黄毅．温室滴灌施肥条件下水肥耦合对番茄产量影响的研究［J］．土壤通报，2003，34（3）：179－183.

[107] 袁新民，同延安．有机肥对土壤 NO_3^-－N 累积的影响［J］．土壤与环境，2000，3（9）：197－200.

[108] 袁新民，杨学云，同延安．不同施氮量对土壤硝态氮累积的影响［J］．干旱地区农业研究，2001，19（1）：7－13.

[109] 张超兰，白厚义．南宁市郊部分菜区土壤和蔬菜重金属污染评价［J］．广西农业生物科学，2001，20（3）：186－189，205.

[110] 张春兰，高祖明，张耀栋．氮素形态和 NO_3^-－N 与 NH_4^+－N 配比对菠菜生长和品质的影响［J］．南京农业大学学报，1990，13（3）：70－74.

[111] 张福锁，马文奇，陈新平．养分资源综合管理理论与技术概论［M］．北京：中国农业大学出版社，2006：17－20.

[112] 张福锁，申建波，冯固．根际生态学－过程与调控［M］．北京：中国农业大学出版社，2009：152－160.

[113] 张辉，李维炯，倪永珍．生物有机无机复合肥效应的初步研究 [J]．农业环境保护，2002，21（4）：352-355.

[114] 张洁瑕．高寒半干旱区蔬菜水肥耦合效应及硝酸盐限量指标的研究 [D]．保定：河北农业大学，2003.

[115] 张世贤．我国有机肥料的资源、利用、问题和对策 [J]．磷肥与复肥，2001，16（1）：8-11.

[116] 张树清，张夫道，刘秀梅．规模化养殖畜禽粪便主要有害成分测定分析研究 [J]．植物营养与肥料学报，2005，11（6）：822-829.

[117] 张树清．规模化养殖畜禽粪有害成分测定及其无害化处理效果 [M]．北京：中国农业科学院，2004.

[118] 张维理，田哲旭，张宁．我国北方农用氮肥造成地下水硝酸盐污染的调查 [J]．植物营养与肥料学报，1995，1（2）：80-87.

[119] 张维理，徐爱国，冀宏杰，Kolbe H. 中国农业面源污染形势估计及控制对策Ⅲ：中国农业面源污染控制中存在问题分析 [J]．中国农业科学，2004，37（7）：1026-1033.

[120] 张文君，刘兆辉，江丽华．有机无机复混肥对作物产量及品质的影响 [J]．山东农业科学，2005，3：57-58.

[121] 张晓晟．京郊地区集约化蔬菜生产中氮素综合管理系统的建立和应用 [D]．北京：中国农业大学，2005.

[122] 张学军，赵营，陈晓群．氮肥施用量对设施番茄氮素利用及土壤 NO_3^--N 累积的影响 [J]．生态学报，2007，27（9）：3761-3768.

[123] 张屹东，李秀杰，张志勇．栽培方式对黄瓜品质的影响［J］．河南农业科学，2001，(12)：22－23.

[124] 张云贵，刘宏斌，李志宏．长期施肥条件下华北平原农田硝态氮淋失风险的研究［J］．植物营养与肥料学报，2005，11（6)：711－716.

[125] 赵冰．蔬菜品质学概论［M］．北京：化学工业出版社，2003：1－10.

[126] 赵秉强，张夫道．我国长期肥料定位试验研究［J］．植物营养与肥料学报，2002，8（增刊)：3－8.

[127] 赵凤艳，魏自民，陈翠玲．氮肥用量对蔬菜产量和品质的影响［J］．农业系统科学与综合研究，2001，17（1)：43－47.

[128] 赵怀勇，李群，张红菊．加工番茄可溶性固形物含量相关因素研究［J］．北方园艺，2007，(2)：27－30.

[129] 赵吉．土壤动物群落生态学与土壤微生态环境的关系［J］．土壤，2006，38（2)：136－142.

[130] 赵明，蔡葵，赵征宇，于秋华，王文娇．不同有机肥料中氮素的矿化特性研究［J］．农业环境科学学报，2007，26 (B03)：146－149.

[131] 中国统计局编.2008 中国统计年鉴［M］．北京：中国统计出版社，2008：247－250.

[132] 周博，陈竹君，周建斌．水肥调控对日光温室番茄产量、品质及土壤养分含量的影响［J］．西北农林科技大学学报，2006，34（4)：58－62.

[133] 周启星，唐世荣．健康土壤学－土壤健康质量与农产

品安全［M］．北京：科学出版社，2005：172－180.

［134］周艺敏，任顺荣．氮素化肥对蔬菜硝酸盐积累的影响［J］．华北农学报，1989，4（1）：110－115.

［135］周泽江，宗良纲，杨永岗，肖兴基．中国生态农业与有机农业的理论与实践［M］．北京：中国环境科学出版社，2004：15－20.

［136］周泽义．中国蔬菜重金属污染及控制［J］．资源生态环境网络研究动态，1999，10（3）：21－27.

［137］朱建华．保护地菜田氮素去向及其利用研究［D］．北京：中国农业大学，2002.

［138］朱兆良，孙波，David Norse. 中国农业面源污染控制对策［M］．北京：中国环境科学出版社，2006：40－42.

［139］朱兆良，文启孝．中国土壤氮素［M］．南京：江苏科学技术出版社，1992：1－3.

［140］朱兆良．中国土壤氮素研究［J］．土壤学报，2008，5（15）：778－783.

［141］邹国元，刘宝存，王美菊．施肥对蕹菜生长及品质的影响［J］．华北农学报，2002，17（2）：97－101.

［142］Adams P L. Poultry liter and manure contributions to nitrate leaching through the Vadode zone［J］. Soil Society of America Journal，1994，58（4）：1206－1211.

［143］Andreas Fließbach，Lucie Gunst，Paul Mäder. Soil organic matter and biological soil quality indicators after 21 years of organic and conventional farming［J］. Agriculture，Ecosystems & Environment, 2007, 118 (1-4): 273-284.

[144] Annette Abell, Erik Ernst, Jens Peter Bonde. High sperm density among members of organic farmers´association [J]. The Lancet, 1994, 11 (343): 1498.

[145] Antonio J. Pérez - López, José Manuel López - Nicolás. Effects of organic farming on minerals contents and aroma composition of tomato mandarin juice [J]. European Food Research and Technology, 2006, 10: 1007-1011.

[146] Badgley C, Moghtader J, Quintero E, Zakem E, Chappell M J. Avile's - Va'zquez K, Samulon A. Perfecto, I. Organic agriculture and the global food supply [J]. Agriculture Food System, 2007, 22: 86-108.

[147] Barker A V. Bryson G M. Bioremediation of heavy metals and organic toxicants by composting [J]. The Scientific World Journal, 2002, (2): 407-420.

[148] Beck M. Ecological irrigation and fertigation of soil grown plants in greenhouses [C]. International Symposium on Growing Media and Plant Nutrition in Horticulture, 1997, (450): 413-417.

[149] Belde M, Mattheis A, Sprenger B, Albrecht H. Long-term development of yield affecting weeds after the change from conventional to integrated and organic farming [J]. Journal of plant diseases and protection, 2000: 291-301.

[150] Berkelmans R, Ferris H, Tenuta M, van Bruggen A H

C. Effects of long – term crop management on nematode trophic levels other than plant feeders disappear after 1 year of disruptive soil management [J]. Applied Soil Ecology, 2003, 23 (3): 223 –235.

[151] Bialczyk J, Lechowski Z, Libik A. Fruiting of tomato cultivated on medium enriched with biocarbonate [J]. Plant Nutrient, 1996, 19 (2): 305 –321.

[152] Boering R. Organic agriculture – culture shock [J]. Food Policy, 1981, 6 (2): 125 –126.

[153] Brown R W. Grass margins and earthworm activity in organic and integrated systems [J]. Aspects of applied Biology, 1999, 54: 207 –210.

[154] Buettner Andrea, Mestres Montse, Fischer Anja, Guasch Josep, Schieberle Peter. Evaluation of the most odour – active compounds in the peel soil of clementines (Citrus reticulate Blanco cv. Clementine) [J]. European Food Research and Technology, 2003, 216 (1): 11 –14.

[155] Campbell C A, Eentner R P. Soil organic mater as influenced by crop rotation and fertilization [J]. Soil Science of American Journal. 1993, 57: 1034 –1040.

[156] Carson. 寂静的春天 [M]. 吴国盛译. 北京: 科学出版社, 2007: 5 –12.

[157] Cheng S P. Heavy metal pollution in China: Origin, pattern and control [J]. Environmental Science and Pollution Research, 2003, 10 (3): 192 –198.

[158] Connor D J. Organic agriculture cannot feed the world [J]. Field Crops Research, 2008, 106: 187 - 190.

[159] Conrad K F, Woiwod I P, Perry J N. Long - term decline in abundance and distribution of the garden tiger moth (Arctia caja) in Great Britain [J]. Biological Conservation, 2002, 106 (3): 329 - 337.

[160] Conyers M K, Mullen C L, Scott B J, Poile G J, Braysher B D. Long - term benefits of limestone applications to soil properties and to cereal crop yields in southern and central New South Wales [J]. Australian Journal of Experimental Agriculture, 2003, 43 (1): 71 - 78.

[161] Czarneckia J, Paprikia. An attempt to characterize complex properties of agro ecosystems based on soil fauna, soil properties and farming system in the north of poland [J]. Biological Agriculture and Horticulture, 1997, 15: 11 - 23.

[162] Davis DB, Archer J R. Nitrate management in the United Kingdom. (In): Calvet Nitrate Agriculture Eau [C]. International symposium, Institute National de Recherche Agronomique, Paris, 1990, 511 - 525.

[163] Denison R F, Bryant D C, Kearney T E. Crop yields over the first nine years of LTRAS, a long - term comparison of field crop systems in a Mediterranean climate [J]. Field Crops Research, 2004, 86 (2 - 3): 267 - 277.

[164] Drinkwater L E, Wagoner P, Sarrantonio M. Legume -

based cropping systems have reduced carbon and nitrogen losses [J]. Nature, 1998, (39): 6262-6264.

[165] Du S, Zhang Y S, Lin X Y. Accumulation of nitrate in vegetables and it's possible implications to human health [J]. Agricultural Sciences in China, 2007, 6 (10): 1246-1255.

[166] Evanylo G, Sherony C, Spargo J. Soil and water environmental effects of fertilizer, manure, and compos-based fertility practices in an organic vegetable cropping system [J]. Agriculture Ecosystems & Environment, 2008, 127 (1-2): 50-58.

[167] Ewa Rembialkowsk. The nutritive and sensory quality of carrots and white cabbage from organic and conventional farms [C]. (In): Thomas Alfoldi, William Lockeretz and Urs Niggli. Swis: Proceedings "International IFOAM Scientific Conference, 2000: 297.

[168] FAO, World soil resources. An explanatory note on the FAO world soil resources map at 1 : 25 000 000 scale, Rome. 1993: 71.

[169] FAO. 2008 年世界粮食不安全状况：高粮价与粮食安全-威胁与机遇 [J]. 粮农组织, 2008, 5-7.

[170] Giles J. Nitrogen study fertilizes fears of pollution [J]. Nature, 2005, 433 (7028): 791.

[171] Girvan M S, Bull M J, Pretiy J N. Soil type is the primary determinant of the composition of the total and active bacterial communities in arable soils [J]. Applied and environmental microbiology, 2003, 69 (3): 1800-1809.

[172] Gong W, Yan X, Wang J, Hu T, Gong Y. Long – term manure and fertilizer effects on soil organic matter fractions and microbes under a wheat – maize cropping system in northern China [J]. Geoderma, 2009, 149 (3 – 4): 318 – 324.

[173] Gosling P, Hodge A, Goodlass G, Bending G D. Arbuscular mycorrhizal fungi and organic farming [J]. Agriculture, Ecosystems & Environment, 2006, 113 (1 – 4): 17 – 35.

[174] Goula A M, Adamopoulos K G. Stability of lycopene during spray drying of tomato pulp [J]. LWT – Food Science and Technology, 2005, 38 (5): 479 – 487.

[175] Hall D W, Risser D W. Effects of agricultural nutrient management on nitrogen fate and transport in Lancaster County, Pennsylvania [J]. Water Resources Bulletin, 1993, 29 (1): 55 – 76.

[176] Hansen E M, Djurhuus P. Nitrate leaching as affected by long – term N fertilization on coarse sand [J]. Soil Use and Management, 1996, 12: 199 – 204.

[177] Hansen E M, Durhuus J. Nitrate Leaching as effected by long – term N fertilization on a coarse sand [J]. Soil Use and Management, 1996, 12 (4): 199 – 204.

[178] Hartl, W. Influence of under sown clovers on weeds and on the yield of winter wheat in organic farming [J]. Agriculture, Ecosystems & Environment, 1989, 27 (1 – 4): 389 – 396.

[179] Havlikova M, Kroeze C, Huijbregts M A J. Environmental and health impact by dairy cattle livestock and manure manage-

ment in the Czech Republic [J]. Science of the Total Environment, 2008, 396 (23): 121-131.

[180] Holed G, Perkings A J, Wilson J D. Does Organic Farming Benefit Biodiversity? [J]. Biological Conservation, 2005, 122 (1): 113-130.

[181] IFOAM. The World of Organic Agriculture 2008] IFPAM and FIBL, 2008: 22-29; 122-129.

[182] IFOAM. 有机生产与加工基本标准 (IBS) [S]. 2003.

[183] Javanmardi J, Kubota C. Variation of lycopene, antioxidant activity, total soluble solids and weight loss of tomato during postharvest storage [J]. Postharvest Biology and Technology, 2006, 41 (2): 151-155.

[184] Ju X T, Kou C L, Zhang F S. Nitrogen balance and groundwater nitrate contamination: Comparison among three intensive cropping systems on the North China Plain [J]. Environment Pollution, 2006, 143 (1): 117-125.

[185] Khoshgoftarmanesh A H, Aghili F, Sanaeiostovar A. Daily intake of heavy metals and nitrate through greenhouse cucumber and bell pepper consumption and potential health risks for human [J]. International J Food Science Nutrition, 2009: 1-10.

[186] Kirchmann H, Bergstrom L, Katterer T, Mattsson L, Gesslein S. Comparison of long-term organic and conventional crop-livestock systems on a previously nutrient-depleted soil in Sweden [J]. Agronomy Journal, 2007, 99 (4): 960-972.

[187] Klaus Birkhofera, Bezemer T M., Jaap Bloeme, Mi-

chael Bonkowski. Long - term organic farming fosters below and aboveground biota: Implications for soil quality, biological control and productivity [J] . Soil Biology and Biochemistry, 2008, 40 (9): 2297 -2308.

[188] Langmeier M, Frossard E, Kreuzer M, Mader P, Dubois D, Oberson A. Nitrogen fertilizer value of cattle manure applied on soils originating from organic and conventional farming systems [J]. Agronomie, 2002, 22 (7 -8): 789 -800

[189] Lanpkin N. More on organic foods [J] . J Am Diet Assoc, 1990, 90 (7): 920 -922.

[190] Ledgard S F, Penno M S, Prosen S, Baker M. Nitrogen balances and losses on intensive dairy farm [J] . Proceedings of New Zealand Grassland Association, Fifth - nine conference, Manager, Auckland, 1997, 59: 49 -53.

[191] Leigh R A, Johnston A E. Long - term Experiments in Agricultural and Ecological Sciences [J] . Oxford University Press, 1998: 441 -448.

[192] Lindberg S E. Atmospheric emission and plant uptake of Hg from soils near the Almaden mercury mine [J] . Journal of Environ Quality, 1979, 8: 572 -578.

[193] Lindenthal T, Spiegel H, Mazorek M, Hess J, Freye B, Kochl A. Results of three long - term P - field experiments in Austria - 2nd report: Effects of different types and quantities of P - fertilizer on P - uptake and P - balances [J] . Bodenkultur, 2003, 54 (1): 11 -21.

[194] Macilwain C. Organic: is it the future of farming? [J]. Nature, 2004, 428 (6985): 792 -793.

[195] Mäder P, Fließbach A, Dubois D, Gunst L, Fried P. Niggli U. Soil fertility and bio - diversity in organic farming [J]. Science, 2002, 296: 1694 -1697.

[196] Martens M, Fjeldsenden B, Russwurm H. Evaluation of sensory and chemical quality criteria of carrots and Swedes [J] . Act Horticulture, 2003, 6: 27 -36.

[197] Maticic B, Avbeij L, Feges M. The potential impact of irrigation drainage and nitrogen fertilization on environmentally sound and antitoxic food production [C] . (In:) Proceedings of international conference on advances in planning, design and management of irrigation systems as related 1992, 203 -213.

[198] Maynard A. An effect of annual amendments of compost on nitrate leaching in nursery stock [J] . Compost Science Utilize, 1994, 2 (3): 54 -55.

[199] Mcbride M B, Spiers G. Trace element content of selected fertilizers and dairy manures as determined by ICP - MS [J] . Soil Science, 2001, 32: 139 -156.

[200] Mercik S, Stepien W, Labetowicz J. The fate of nitrogen, phosphorus and potassium in long - term experiments in Skierniewice [J] . Journal of Plant Nutrition and Soil Science - Zeitschrift Fur Pflanzenernahrung Und Bodenkunde, 2000, 163 (3): 273 -278.

[201] Mondy N I, Klein L B, Chandra S. The effect of malefic hydrazine treatment on nitrogenous constituents of potato tubers and on

mineral changes in tubers and sprouts [J] . Food Biochemistry, 1984, 8 (1): 55 -56.

[202] Mozafar A. Nitrogen fertilizers and the amount if vitamins in plants: a review [J] . Journal of Plant Nutrition, 1993, 16 (12): 2479 -2506.

[203] Mozafar, A. Decreasing the NO_3 and increasing the vitamin C contents in spinach by a nitrogen deprivation method [J] . Plant Foods Hum Nutrition, 1996, 49 (2): 155 -162.

[204] Nahmani J, Lavelle P. Effects of heavy metal pollution on soil macrofauna in a grassland of Northern France [J] . European Journal of Soil Biology, 2002, 38 (3 -4): 297 -300.

[205] Nectoson J J, Carton O T. The environmental impact of nitrogen in field vegetable production [J] . Acta Hortult. , 2001, 563: 21 -28.

[206] Nicholson F A, Chambers B J, Williams J R. Heavy metal contents of livestock feeds and animal manures in England and Wales [J] . Bioresearch Technology 1999 (70): 23 -31.

[207] Norton L, Johnson P, Joys A, Stuart R, Chamberlain D, Feber R, Firbank L, Manley W, Wolfe M, Hart B, Mathews F, Macdonald D, Fuller R J. Consequences of organic and non - organic farming practices for field, farm and landscape complexity [J]. Agriculture, Ecosystems & Environment, 2009, 129 (1 -3): 221 -227.

[208] Olesen J E, Munkholm L J. Subsoil loosening in a crop rotation for organic farming eliminated plough pan with mixed effects on

crop yield [J] . Soil and Tillage Research, 2007, 94 (2): 376 -385.

[209] Osterlie M, Lerfall J. Lycopene from tomato products added minced meat: Effect on storage quality and colour [J] . Food Research International, 2005, 38 (8 -9): 925 -929.

[210] Paoletti A, Parrella A, Gargiulo E, Aliberti F. Research, education and environmental health related to pollution in the Gulf [J] . Agricultural Ecology and Environment, 1989, 1 (3 - 4): 495 -523.

[211] Par T, Dinel H, Moulin A P, Townley - Smith L. Organic matter quality and structural stability of a Black Chernozemic soil under different manure and tillage practices [J] . Geothermal, 1999, 91 (3 -4): 311 -326.

[212] Pérez - Lopez AJ, Beltran F, Serrano - Megías M. Carbonell - Barrachina AA [J] . Euro Food Res technology, 2006. 222: 516 -520.

[213] Peter Marckmann. Organic foods and allergies, cancers, and other common diseases - present knowledge and future research [C] . (In): Thomas A1ldi. William Lockeretz and Uas Niggli. Swiss: Proceedings International IFOAM Scientific Conference, 2000: 312.

[214] Rao A V, Waseem Z, Agarwal S. Lycopene content of tomatoes and tomato products and their contribution to dietary lycopene [J] . Food Research International, 1998, 31 (10): 737 -741.

[215] Rasmussen P E, Goukling K W T, Brown J R, Grace P

R, Janzen H H, Körschens M. Long – term agroecosystem experiments: assessing agricultural sustainability and global changes [J]. Science, 1998, 282: 893 – 896.

[216] Rigby D, Cáceres D. Organic farming and the sustainability of agricultural systems [J]. Agricultural Systems, 2001, 68 (1): 21 – 40.

[217] Rinaldi M, Ventrella D, Gagliano C. Comparison of nitrogen and irrigation strategies in tomato using CROPGRO model. A case study from Southern Italy [J]. Agricultural Water Management, 2007, 87 (1): 91 – 105.

[218] Rodríguez L, Alonso – Azcárate J, Rincón J. Heavy metal distribution and chemical speciation in tailings and soils around a Pb – Zn mine in Spain [J]. Journal of Environmental Management, 2009, 90 (2): 1106 – 1116.

[219] Salazara F J, Chadwickb D, Painc B F. Nitrogen budgets for three cropping systems fertilized with cattle manure [J]. Bioresource Technology, 2005, 96: 235 – 245.

[220] Sammis T W, Wu I P. Fresh market tomato yields as affected by deficit irrigation using a micro – irrigation system [J]. Agricultural Water Management, 1986, 12 (1 – 2): 117 – 126.

[221] Schjonning P, Elmholt S, Christensen B T. Soil quality management, synthesis [C]. (In): Schjonning P, Elmholt S, Christensen B T. (Eds.), Managing Soil Quality: Changes in Modern Agriculture, 2004: 315 – 333.

[222] Screncen P, Jenzen E S, Nielsen N E. the fate of ^{15}N –

labelled organic nitrogen in sheep manure applied to soils of deferent texture under field conditions [J] . Plant and Soil, 1994, 164: 39 -47.

[223] Simonne E, Dukes M, Hochmuth R, Hochmuth G, Studstill D, Davis W. Long - term effect of fertilization and irrigation recommendations on watermelon yield and soil - water nitrate levels in Florida´s sandy soils [J] . Toward Ecologically Sound Fertilization Strategies for Field Vegetable Production, 2003, 6 (27): 97 -103.

[224] Smith R G. , Gross K L, Robertson G. P. Effects of crop diversity on agroecosystem function: Crop yield response [J]. Ecosystems, 2008, 11 (3): 355 -366.

[225] SOEL - FIBL. 2008 全球有机农业生产调查报告. http: //www. pcarrd. dost. gov. ph/phil - organic /market% 20files/landarea. htm.

[226] Sorensen J N, Johansen A S, Poulsen N. Influence of growth conditions on the value of crisp head lettuce Marketable and nutritional quality as affected by nitrogen supply, cultivar and plant age [J] . Plant Foods Hum Nutrition, 1994, 46 (1): 1 -11.

[227] Sorensen J N. Use of the Nmin method for optimization of vegetable nitrogen nutrition [J] . Acta Hotr, 1993, 339: 179 -192.

[228] Sotiris Aggelides, Ioannis Assimakopoulos, Petros Kerkides, Angelos Skondras. Effects of soil water potential on the nitrate content and the yield of lettuce [J] . Commun. Soil. Plant Anal. , 1999, 30 (1&2): 235 -243.

[229] Sprent J I. Nitrogen fixation and growth of non – crop legume species in diverse environments [J] . Perspectives in Plant Ecology, Evolution and Systematics, 1999, 2 (2): 149 – 162.

[230] Stanhill G. The comparative productivity of organic agriculture [J] . Agriculture, Ecosystems & Environment, 1990, 30 (1 – 2): 1 – 26.

[231] Takebe M, Yoneyam T. Plant growth and ascorbic acid: Changes of ascorbic acid concentrations in the leaves and tubers of sweet potato (Ipomea batatas Lam.) and potato (Solanum tuberosum L.) [J] . Chemistry abstract, 1992: 117.

[232] Teotia S P, Duley F L, McCalla T M. Effect of stubble mulching on number and activity of earthworms [J] . Neb. Agric. Exp. Sta. Res. Bull. 1950, 165: 20.

[233] Tiekert, C G.. More on organic farming systems [J] . J Am Vet Med Assoc, 2008, 232 (10): 1459 – 1460.

[234] Torstensson G, Aronsson H, Bergstrom L. Nutrient use efficiencies and leaching of organic and conventional cropping systems in Sweden [J] . Agronomy Journal, 2006, 98 (3): 603 – 615.

[235] Valcho D, Zhejazkov. Effect of heavy metals on peppermint and conunint [J] . Plant and Soil, 1996, 178: 59 – 66.

[236] Vida Rutkovienc, Daiva Baltranaityte, Antanas Stacevicius. Integrated research on production systems and products quality [C] . (In): Thomas Alfoldi, William Lockeretz and Urs Niggli Swis: Proceedings 13th International IFOAM Scientific Confernce. 2000: 301.

[237] Vogtmann H. From healthy soil to healthy food: an analysis of the quality of food produced under contrasting agricultural systems [J]. Nutrition Health, 1988, 6 (1): 21 - 35.

[238] Walters A H, Fletcher J R, Law S J. Nitrate in vegetables: estimation by HPLC [J]. Nutrition Health, 1986, 4 (3): 141 - 149.

[239] Warrington R. Lost fertility: The production and loss of nitrate in the soil [J]. Transaction of the Highland and Agricultural Society of Scotland, 1905: 1 - 35.

[240] Watson C A., Atkinson D, Gosling P, Jackson L R, Rayne F W. Managing soil fertility in organic farming systems [J]. Soil use and management, 2002, 18: 239 - 247.

[241] Williams C M. Nutritional quality of organic food: shades of grey or shades of green? [J]. Nutrition Science, 2002, 61 (1): 19 - 24.

[242] Wunderlich S M, Feldman C, Kane S, Hazhin T. Nutritional quality of organic, conventional, and seasonally grown broccoli using vitamin C as a marker [J]. J Food Science Nutrition, 2008, 59 (1): 34 - 45.

[243] Yadav R L. Enhancing efficiency of fertilizer N use in rice - wheat systems of Indo - Gangetic Plains by intercropping Sesbania aculeata in direct seeded upland rice for green manuring [J]. Bioresour Technol, 2004, 93 (2): 213 - 215.

[244] Yadav S N. Formualtion and estimation of nitrate - nitrogen leaching from corn cultivation [J]. J. Environ. Qual, 1997, 26: 808

-810.

[245] Yadvinder S, Khind C S. Long - term effect of organic inputs on yield and soil fertility in the rice - wheat rotation [J]. Soil Science of America, 2004, 63 (3): 845 - 853.

[246] Yeates G W, Ross C W, Shepherd T G. Populations of terrestrial planarians affected by crop management: implications for long - term land management [J]. Pedobiologia, 1999, 43 (4): 360 - 363.

[247] Zoebl D. Organic farming and energy efficiency [J]. Science, 2002, 298 (5600): 1890 - 1891.

[248] Huang K, Li FS, Wei Y, et al. Effects of earthworms on physicochemical properties and microbial profiles during vermicomposting of fresh fruit and vegetable wastes [J]. Bioresource Technology, 2014, 170: 45 - 52.

[249] Li Q, Jiang Y, Liang WJ, et al. Long - term effect of fertility management on the soil nematode community in vegetable production under greenhouse conditions [J]. Applied Soil Ecology, 2010, 46: 111 - 118.

[250] Lou YL, Xu MG, He XH, et al. Soil nitrate distribution, N_2O emission and crop performance after the application of N fertilizers to greenhouse vegetables [J]. Soil Use and Management, 2012, 28: 299 - 306.

[251] Lou YL, Xu MG, WangW, et al. Soil organic carbon fractions and management index after 20 yr of manure and fertilizer application for greenhouse vegetables [J]. Soil Use and Management,

2011，27：163－169.

［252］Ngo PT，Rumpel C，Doan TT，et al. The effect of earthworms on carbon storage and soil organic matter composition in tropical soil amended with compost and vermicompost［J］. Soil Biology and Biochemistry，2012，50：214－220.

［253］Piron D，Pérès G，Hallaire V，et al. Morphological description of soil structure patterns produced by earthworm bioturbation at the profile scale［J］. European Journal of Soil Biology，2012，50：83－90.

［254］Riley H，Pommeresche R，Eltun R，et al. Soil structure，organic matter and earthworm activity in a comparison of cropping systems with contrasting tillage，rotations，fertilizer levels and manure use［J］. Agriculture，Ecosystems & Environment，2008，124：275－284.

［255］Shan J，Wang YF，Gu JQ，et al. Effects of biochar and the geophagous earthworm Metaphire guillelmi on fate of ^{14}C－catechol in an agricultural soil［J］. Chemosphere，2014，107：109－114.

［256］Zhang YL，Wang YS. Soil enzyme activities with greenhouse subsurface irrigation［J］. Pedosphere，2006，16：512－518.

附录　图表索引

表索引

图索引